牛副结核　排粪呈
喷射状

牛副结核　消瘦，
颌下水肿

牛副结核　肠管增厚，
黏膜呈脑回样

1

皮肤病　眼、上颌部的
钱癣

瘤胃酸中毒　瘤胃黏
膜脱落，黏膜下出血

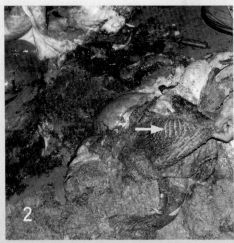

瘤胃酸中毒　网胃黏
膜脱落，黏膜下出血

2

骨软症　骨骼变形，
脊柱弯曲

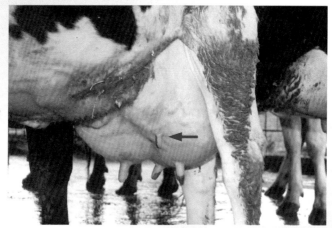

乳房炎　乳房萎缩

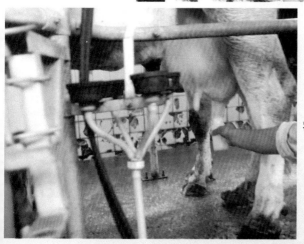

乳房炎　乳头药浴

3

乳房浮肿　乳房、腹下、胸下、阴门浮肿

奶牛阴道脱

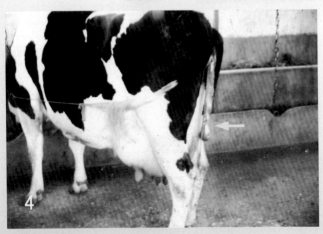

奶牛胎衣不下

4

奶牛疾病防治

主　编

肖定汉

编著者

王　志　李俊鹏　廖晨星

程玖珉　蒲万雄

金盾出版社

内 容 提 要

本书由中国畜牧兽医学会家畜内科学分会秘书长、北京奶牛中心研究员肖定汉主编,中国农业大学动物医学院王志教授等编著。主要介绍了奶牛发病规律与保健措施,奶牛疾病诊疗技术以及传染病、消化系统疾病、营养代谢病、乳腺疾病、产科与繁殖疾病、肢蹄病、中毒病、寄生虫病等 102 种奶牛常见疾病的病因、诊断要点和防治措施,是作者多年从事奶牛疾病研究和临床实践的经验总结。内容简明扼要,深入浅出,实用性强。可供奶牛场兽医科技人员、养奶牛户学习应用,也可供农业院校相关专业师生阅读参考。

图书在版编目(CIP)数据

奶牛疾病防治/肖定汉主编;王志等编著 . —北京:金盾出版社,2003.3

ISBN 978-7-5082-2271-4

Ⅰ. 奶… Ⅱ. ①肖…②王… Ⅲ. 乳牛-牛病-防治
Ⅳ. S858.23

中国版本图书馆 CIP 数据核字(2002)第 103679 号

金盾出版社出版、总发行

北京太平路 5 号(地铁万寿路站往南)

邮政编码:100036 电话:68214039 83219215

传真:68276683 网址:www.jdcbs.cn

彩色印刷:北京精美彩印有限公司

黑白印刷:北京金盾印刷厂

装订:第七装订厂

各地新华书店经销

开本:787×1092 1/32 印张:8.625 彩页:4 字数:189 千字

2009 年 2 月第 1 版第 7 次印刷

印数:65001—80000 册 定价:12.00 元

(凡购买金盾出版社的图书,如有缺页、
倒页、脱页者,本社发行部负责调换)

前　　言

　　奶牛稳产、高产，健康是保证。

　　养好奶牛，需要依靠科学技术。也就是要提供合理的饲料和饲养方法，让牛吃饱、吃好，以获得必需的营养物质；要创造良好的生存环境，管理到位，使牛健康、多出奶、少得病或不得病。

　　奶牛的主要生产性能是泌乳，这就决定了它对饲养管理和外界条件要求严格的特性。在多年的奶牛饲养实践中发现，正是由于忽视了奶牛这一特性，缺乏科学的饲养管理，招致奶牛产奶量下降，甚至发生疾病而死亡，造成很大经济损失。

　　当前，养奶牛业在全国不少地方兴起，呈现出一派兴旺发达景象。奶牛保健体系的建立与实施则是养好奶牛的关键。为此，我们编写了《奶牛疾病防治》一书，以期在奶牛养殖业中发挥应有的作用，收到实际的效益。

　　全书共分十一章。内容包括：奶牛病的发生规律与保健措施、奶牛疾病的诊疗技术以及传染病、消化系统病、营养代谢病、乳腺疾病、产科与繁殖疾病、肢蹄病、中毒病、寄生虫病及其他疾病等的病因、诊断要点和防治措施。

　　本书在内容上以奶牛常发病、多发病为主，力求密切结合生产实际予以阐述。这是编著者多年从事奶牛疾病研究和临床实践的经验总结，同时也吸取了国内外有关的新技术、新成果；在文字表达上，以兽医系统理论与临床实践相结合，力求简明扼要、深入浅出，突出实用性、可操作性，做到易懂、易学、易会、易做。

本书是适应奶牛业的发展需要而编著的。如果它能在奶牛保健工作中起到某些作用，我们将感到莫大欣慰。需要说明的是，鉴于编著者水平有限，时间仓促，内容难免存在缺点和差错，敬请专家、奶牛场的科技人员、奶牛饲养户和广大读者批评、指正。

编著者

2002.12

目 录

第一章 奶牛发病规律与保健措施 …………………（1）

一、奶牛发病的规律性 ………………………………（1）

（一）牛群结构与发病的关系 ………………………（1）

（二）牛群发病的特征 ………………………………（1）

（三）奶牛"三大病" ………………………………（2）

二、奶牛的保健措施 …………………………………（3）

（一）防疫体系的建立 ………………………………（3）

（二）保健工程的实施 ………………………………（5）

第二章 奶牛疾病的诊疗技术 …………………………（8）

一、奶牛诊断基本技术 ………………………………（8）

（一）熟悉和掌握奶牛基本情况 ……………………（8）

（二）坚持"三测"、"四查" ………………………（9）

（三）综合分析，仔细鉴别 …………………………（9）

（四）时刻注意药物疗效 ……………………………（10）

二、奶牛常用的诊断方法 ……………………………（10）

（一）直肠检查 ………………………………………（10）

（二）阴道检查 ………………………………………（13）

三、奶牛常用的治疗方法 ……………………………（13）

（一）乳房内输注法 …………………………………（13）

（二）子宫冲洗法 ……………………………………（14）

（三）胎衣剥离术 ……………………………………（15）

（四）糖钙疗法 ………………………………………（16）

（五）修蹄疗法 ………………………………………（17）

（六）瘤胃冲洗术 ………………………………… （18）

（七）输血疗法 …………………………………… （19）

（八）胎儿牵引术 ………………………………… （20）

（九）会阴侧切术 ………………………………… （21）

（十）胎儿矫正术 ………………………………… （21）

（十一）翻转母体术 ……………………………… （23）

第三章　传染病 ………………………………… （24）

口蹄疫 …………………………………………… （24）

牛流行热 ………………………………………… （27）

蓝舌病 …………………………………………… （30）

牛传染性鼻气管炎 ……………………………… （32）

牛病毒性腹泻-黏膜病 …………………………… （34）

牛白血病 ………………………………………… （37）

牛传染性角膜结膜炎 …………………………… （39）

炭疽 ……………………………………………… （41）

布鲁氏菌病 ……………………………………… （44）

牛结核病 ………………………………………… （48）

牛副结核病 ……………………………………… （51）

牛肺疫 …………………………………………… （53）

疯牛病 …………………………………………… （56）

皮肤真菌病 ……………………………………… （59）

钩端螺旋体病 …………………………………… （62）

第四章　消化系统疾病 ………………………… （66）

食道梗塞 ………………………………………… （66）

迷走神经性消化不良 …………………………… （68）

前胃弛缓 ………………………………………… （69）

瘤胃食滞 ………………………………………… （71）

瘤胃臌气 …………………………………… (73)

瘤胃酸中毒 ………………………………… (75)

瘤胃角化不全症 …………………………… (78)

创伤性网胃-腹膜炎 ………………………… (80)

瓣胃阻塞 …………………………………… (82)

皱胃阻塞 …………………………………… (84)

皱胃左方移位 ……………………………… (86)

胃肠炎 ……………………………………… (88)

第五章　营养代谢病 …………………………… (91)

酮病 ………………………………………… (91)

母牛妊娠毒血症 …………………………… (95)

母牛卧倒不起综合征 ……………………… (98)

产后血红蛋白尿（症） …………………… (100)

牧草搐搦 …………………………………… (102)

运输搐搦 …………………………………… (105)

佝偻病 ……………………………………… (106)

骨软症 ……………………………………… (109)

铜缺乏症 …………………………………… (112)

铁缺乏症 …………………………………… (114)

碘缺乏症 …………………………………… (115)

锰缺乏症 …………………………………… (117)

锌缺乏症 …………………………………… (118)

硒缺乏症 …………………………………… (121)

钴和维生素 B_{12} 缺乏症 ………………… (123)

维生素 A 缺乏症 …………………………… (125)

维生素 D 缺乏症 …………………………… (128)

维生素 E 缺乏症 …………………………… (129)

第六章　乳腺疾病……………………………………（132）

　　乳房炎………………………………………………（132）

　　乳房浮肿……………………………………………（135）

　　乳头管和乳池狭窄…………………………………（137）

　　血乳…………………………………………………（139）

　　乳头状瘤……………………………………………（140）

　　酒精阳性乳…………………………………………（141）

第七章　产科与繁殖疾病……………………………（145）

　　流产…………………………………………………（145）

　　阴道脱………………………………………………（149）

　　阵缩努责微弱………………………………………（151）

　　子宫颈狭窄…………………………………………（153）

　　子宫捻转……………………………………………（154）

　　产后瘫痪……………………………………………（156）

　　胎衣不下……………………………………………（160）

　　子宫脱………………………………………………（162）

　　子宫复旧不全………………………………………（164）

　　子宫内膜炎…………………………………………（165）

　　卵巢机能不全………………………………………（168）

　　卵巢囊肿……………………………………………（169）

　　持久黄体……………………………………………（172）

　　不妊症………………………………………………（173）

第八章　肢蹄病………………………………………（177）

　　蹄变形………………………………………………（177）

　　腐蹄病………………………………………………（179）

　　蹄糜烂………………………………………………（181）

　　指（趾）间赘生……………………………………（183）

　　蹄叶炎⋯⋯⋯⋯⋯⋯⋯⋯⋯⋯⋯⋯⋯⋯⋯⋯⋯（185）

　　关节炎⋯⋯⋯⋯⋯⋯⋯⋯⋯⋯⋯⋯⋯⋯⋯⋯⋯（187）

　　腕前黏液囊炎⋯⋯⋯⋯⋯⋯⋯⋯⋯⋯⋯⋯⋯⋯（189）

第九章　中毒病⋯⋯⋯⋯⋯⋯⋯⋯⋯⋯⋯⋯⋯⋯（191）

　　氢氰酸中毒⋯⋯⋯⋯⋯⋯⋯⋯⋯⋯⋯⋯⋯⋯⋯（191）

　　硝酸盐和亚硝酸盐中毒⋯⋯⋯⋯⋯⋯⋯⋯⋯（193）

　　淀粉渣（浆）中毒⋯⋯⋯⋯⋯⋯⋯⋯⋯⋯⋯⋯（195）

　　棉籽饼中毒⋯⋯⋯⋯⋯⋯⋯⋯⋯⋯⋯⋯⋯⋯⋯（196）

　　酒糟中毒⋯⋯⋯⋯⋯⋯⋯⋯⋯⋯⋯⋯⋯⋯⋯⋯（198）

　　尿素及非蛋白氮中毒⋯⋯⋯⋯⋯⋯⋯⋯⋯⋯（200）

　　黄曲霉毒素中毒⋯⋯⋯⋯⋯⋯⋯⋯⋯⋯⋯⋯（202）

　　霉麦芽根中毒⋯⋯⋯⋯⋯⋯⋯⋯⋯⋯⋯⋯⋯（204）

　　霉烂甘薯中毒⋯⋯⋯⋯⋯⋯⋯⋯⋯⋯⋯⋯⋯（206）

　　霉稻草中毒⋯⋯⋯⋯⋯⋯⋯⋯⋯⋯⋯⋯⋯⋯⋯（208）

　　麦角中毒⋯⋯⋯⋯⋯⋯⋯⋯⋯⋯⋯⋯⋯⋯⋯⋯（211）

　　牛蕨中毒⋯⋯⋯⋯⋯⋯⋯⋯⋯⋯⋯⋯⋯⋯⋯⋯（212）

　　栎树叶中毒⋯⋯⋯⋯⋯⋯⋯⋯⋯⋯⋯⋯⋯⋯⋯（215）

　　有机磷杀虫剂中毒⋯⋯⋯⋯⋯⋯⋯⋯⋯⋯⋯（218）

　　有机氯杀虫剂中毒⋯⋯⋯⋯⋯⋯⋯⋯⋯⋯⋯（220）

　　有机氟化物中毒⋯⋯⋯⋯⋯⋯⋯⋯⋯⋯⋯⋯（221）

　　慢性氟中毒⋯⋯⋯⋯⋯⋯⋯⋯⋯⋯⋯⋯⋯⋯⋯（223）

　　铜中毒⋯⋯⋯⋯⋯⋯⋯⋯⋯⋯⋯⋯⋯⋯⋯⋯⋯（225）

　　铅中毒⋯⋯⋯⋯⋯⋯⋯⋯⋯⋯⋯⋯⋯⋯⋯⋯⋯（227）

　　钼中毒⋯⋯⋯⋯⋯⋯⋯⋯⋯⋯⋯⋯⋯⋯⋯⋯⋯（229）

　　硒中毒⋯⋯⋯⋯⋯⋯⋯⋯⋯⋯⋯⋯⋯⋯⋯⋯⋯（231）

第十章　寄生虫病⋯⋯⋯⋯⋯⋯⋯⋯⋯⋯⋯⋯⋯（234）

　　肝片吸虫病⋯⋯⋯⋯⋯⋯⋯⋯⋯⋯⋯⋯⋯⋯⋯（234）

泰勒虫病···（236）

球虫病···（239）

弓形体病···（241）

皮蝇蛆病···（244）

第十一章　其他疾病·····························（247）

支气管肺炎·······································（247）

创伤性心包炎···································（250）

中暑···（252）

荨麻疹···（254）

附录···（256）

第一章　奶牛发病规律与保健措施

一、奶牛发病的规律性

奶牛由于生理状况不同,在生长发育的各个阶段,其发病特点各异。这种随不同发育阶段、不同生理状况所呈现的发病差异,构成了奶牛发病的规律性。

(一)牛群结构与发病的关系

在舍饲的奶牛场内,为了有目的地更新牛群,对老弱牛、低产牛和病牛要及时淘汰,后备牛要及时的补充,从而不断地提高牛群的质量。因此,成年牛、育成牛和犊牛应有一定的比例,各发育阶段的牛在牛群中所占比例的多少,称之为牛群结构。

经对 8 018 头奶牛的统计,其牛群结构分别是:成年牛占58.5%,育成牛占 25.5%,犊牛占 16%。经对全场 牛只发病统计,各牛群的发病率分别是:成年牛占 68.2%、育成牛占0.4%、犊牛占 31.4%。即成年牛发病率最高,犊牛次之,育成牛发病率最低。

(二)牛群发病的特征

经对某牛场 1966,1967 和 1974 年奶牛发病分类统计,奶牛以产科病发生最多,占 36%,消化系统疾病占 32%,呼吸道疾病占 18%,外科病占 7.7%,其他疾病占 6.3%。

通过对牛群发病数字的统计,成年奶牛主要的消化系统疾病有前胃弛缓(占消化系统总发病数的 21%)、瘤胃臌胀和瘤胃积食。近年来,真胃移位的发病率有增高的趋势。犊牛主要是犊牛下痢,占总发病数的 46%。

产科病主要发生于成年牛。其中乳房炎最多,占产科病总发病数的 56%,其次为胎衣不下,占 27%。

呼吸道疾病主要发生于犊牛,其中以上呼吸道炎症、感冒为多。

外科疾病常见于成年牛,其中以蹄病最多,占外科病总发病数的 93%。

综合上述可以看出,牛群发病的特征是:成年牛主要疾病是乳房炎、蹄病和胎衣不下。犊牛主要疾病是犊牛下痢和感冒。

(三)奶牛"三大病"

所谓奶牛"三大病",即指乳房炎、蹄病和不妊症。

舍饲奶牛,长年在牛棚内饲养,其全部生活过程都是在人为条件下进行的。因此,饲养管理正常与否,会直接影响奶牛发病的规律。

犊牛阶段,由于其胃肠消化机能不全,机体抵抗力较差,极易受外界环境因素的影响,促使犊牛发生下痢与感冒。

成年牛阶段,其生产功能是泌乳。泌乳则引起奶牛全身系统的变化,包括发情、配种、妊娠、分娩。没有妊娠、分娩,就没有泌乳和再高产。妊娠、分娩与泌乳是相互联系的,也是奶牛正常的生理机能。在完成正常生理活动过程中,奶牛本身、胎儿发育、泌乳都需要消耗能量。从某种意义来讲,母牛是物质转换机器,而母牛所需的营养物质完全依赖于人,因此,任何饲养管理的失误,均可引起母牛全身的变化,甚至发生疾病。

从奶牛发病规律可以看出,成年牛疾病是前胃弛缓多、蹄病多、乳房炎多、胎衣不下多、子宫内膜炎多。前胃疾病易治,而蹄病和乳房炎不易治疗与预防,胎衣不下及子宫内膜炎极易引起久配不妊。经对某农场1977,1978两年死亡、淘汰的443头奶牛统计,其中不妊症占28.5%,蹄病占22.5%,乳房炎占5%,年老低产牛占20%,其他原因占24%。从发病与死亡淘汰数字统计分析,影响当前奶牛生产的主要疾病是:不妊症、乳房炎和蹄病,也就是奶牛"三大病"。

值得说明的是,随着奶牛产乳量的提高,营养代谢病如酮病、妊娠毒血症、瘤胃酸中毒以及真胃移位的发病增多,这些疾病应引起我们的重视。就高产奶牛群而言,危害奶牛的主要疾病应该是"四大病",即乳房炎、蹄病、不妊症和营养代谢病。

二、奶牛的保健措施

奶牛保健是运用预防医学的观点,对奶牛实施各种防病和卫生保健的综合措施,是保证奶牛稳产、高产、健康、延长使用寿命的系统工程。它包括建立防疫体系和实施保健工程两个方面。

(一)防疫体系的建立

防疫体系是指为净化牛群,防止疫病发生、流行、蔓延所采用的综合措施与方法。奶牛场应该做到:

1. 严格执行防疫规定,建立和健全防疫消毒制度

(1)树立预防为主,严格消毒,杀灭病菌的理念 牛场应建围墙或防疫沟,门口应设消毒池、消毒间。员工的工作服、胶鞋要保持清洁,不能穿出场外;车辆、行人不可随意进入场内;

全场每年最少大消毒两次,于春秋季进行;兽医器械、输精器械应按规定彻底消毒;尸体、胎衣应深埋,粪便集中堆放,经生物热消毒。总之,要抓住严格消毒这一环节,确保牛场安全。

(2)坚持定期检疫 结核病检疫每年 2 次,于每年的 4 月份和 10 月份进行;布鲁氏菌病的血液试管凝集试验,每年进行 1～2 次。如发生流产,对流产胎儿的胃液及肝、脾组织应做细菌学培养,弄清病原。

(3)严格执行预防接种制度 炭疽芽孢苗,每年接种 1 次,于 12 月份至翌年 2 月间进行。有的牛场为了预防布鲁氏菌病,对 5～6 个月龄犊牛,进行布鲁氏菌 19 号菌苗(或猪型 2 号菌苗或羊型 5 号菌苗)口服或皮下注射。注射应坚持"三严、二准、一不漏"。即严格执行预防接种制度、严格消毒、严格登记。接种疫苗量要准、注射部位要准。不漏掉一头牛。

(4)加强牛场管理工作 严格控制牛只出入,已外售牛,一律不再回场;凡外购牛,必须要进行结核病、布鲁氏菌病的检疫和隔离观察。确定为阴性者,方可入场。猪、羊等畜禽,严禁进入牛场。

2. 发生疫情后采取果断迅速的综合扑灭措施

(1)建立疫病防制领导小组 消灭传染病是一个群众性的工作,必需坚持群防群制的原则。广泛宣传,重视疫病的危害性,从而自觉的执行各种防疫消毒制度。为了互通情况,共同加强防制,控制疫病蔓延,必须要向上级领导部门报告疫情。

(2)严格监测,尽早检出病牛 乳牛由于个体的差异,发病有早有晚,症状有轻有重,外部表现有的明显有的不明显,为尽早检出病牛,应对每头牛测温,班班检查,并对食欲、产奶、精神、粪便等仔细观察,综合判定,凡可疑者,应及时从牛群中隔离出来。

（3）**及时隔离，集中治疗，防止疫病扩散**　在生产中，应根据每个牛场的实际情况，选择适当的地点，建立临时病牛隔离站。在隔离站内，对病牛治疗，并可随时观察其变化，同时，要加强护理，促使病牛尽早恢复。

（4）**严格封锁**　①控制牛只流动，严禁外来车辆、人员进入。②对污染的饲草、垫草、粪便、用具、圈舍等进行彻底消毒，病死尸体深埋、化制。③每7～15天全场用2%火碱液大消毒1次，夏季应做好灭蚊蝇工作。④必要时牛群可做预防接种。⑤在最后1头病牛痊愈、急宰或死亡后，经过一定封锁期，再无疫病发生时，经全面的终末消毒，报有关单位批准后，才可解除封锁。

（二）保健工程的实施

保健工程是指在正常生产情况下，为保证奶牛健康，防止或减少隐性、临床型疾病发生所采取的措施和方法。

奶牛发病受饲养管理条件的制约，故防止奶牛发病也应从饲养管理着手，在生产中，应抓住喂、管、挤、蛋、钙、盐、水、素8个环节。

喂、管、挤是指对奶牛的饲养管理技术；蛋（蛋白质）、钙（矿物质）、盐、水、素（维生素）是指对奶牛的营养需要的供应。

1. 营养供应工程

（1）**犊牛**　犊牛应及时饲喂初乳，初乳喂量要充足，每次2千克，时间5～7天。尽早补喂精料和干草，训练其采食能力，以促进瘤胃发育。

（2）**育成牛**　按营养需要供应日粮，防止过肥或过瘦。

（3）**成年牛**　①成年牛按营养需要合理供应日粮。②加强干奶期饲养，充分重视干奶期的重要性。

2. 保健工程

(1)犊牛保健工程

①标记　挂耳号,烙印。

②去角　用电烙法、苛性钠法(1～3周选定犊牛)或锯法。

③切除副乳头　1～2个月龄时,用锋利弯剪将副乳头从基部剪掉。

④单圈饲养　1头牛1圈。

(2)育成牛保健工程

①分群管理　7～18个月龄为育成牛,19月龄至产犊前为青年牛,应分群饲养。

②适时配种　15～18个月龄,体重达到370千克,应及时配种,不可过早或过晚。

③按摩乳房　产前1个月,开始清洗、按摩乳房。

(3)成年牛保健工程

①乳房保健

乳房清洗:用2%～4%次氯酸钠液冲洗乳头,并用纸巾擦干乳头,再上机挤奶。

挤乳后乳头药浴:挤空奶后立即用4%次氯酸钠液、1%碘伏液浸泡乳头。

隐性乳房炎监测,采用加州乳房炎试验(C.M.T)法。泌乳牛每年1,3,5,7,9,11月份和干乳前10天,进行隐性乳房炎监测,对阳性反应在"++"以上的牛,及时治疗。干乳前3天内再监测1次,呈阴性反应牛才可停乳。

乳牛停乳时,每个乳区注射1次抗菌药物。

产前、产后乳房膨胀较大的牛只,防止发生乳房外伤。有吮吸癖的牛应从牛群中挑出。

临床型乳房炎病牛应隔离饲养,奶桶、毛巾专用,用后消毒。

对久治不愈、慢性顽固性乳房炎病牛,及时淘汰。

②蹄保健

保持牛蹄清洁,经常清除趾(指)间污物。

坚持定期浴蹄,用4%硫酸铜液喷洒牛蹄。

坚持修蹄,每年对全群牛的肢蹄普查1次,对蹄变形牛于春、秋季节统一全部修整。

对蹄病患牛及时治疗,促进痊愈。

修蹄应按正确操作进行,严格执行修蹄技术操作规程。

③代谢疾病监控

健康检查(四查):查精神、查食欲、查粪便、查产奶量。

血液学及生化学检查:定期对干奶牛、高产牛进行2~4次血样抽样(30~50头)检查,检查项目主要包括血细胞数、细胞压积(PCV)、血红蛋白、血糖、血尿素氮、血磷、血钙、血钠、血钾、总蛋白、白蛋白、碱贮(CO_2结合力)、血酮体、谷草转氨酶、血游离脂肪酸等。

定期监测酮体:产前1周,隔2~3日测尿pH值、尿酮体1次;产后1天,测尿pH值、尿或乳酮体含量,隔2~3日1次,直到产后30~35天。凡监测尿pH值呈酸性、酮体呈阳性反应者应及时处理。

加强临产牛的监护:对高产、年老、体弱及食欲不振牛,经临床检查未发现异常者,产前1周可用糖钙疗法预防。其方法是,用10%葡萄糖酸钙、25%葡萄糖注射液各500毫升,隔日或每日静脉注射1次,直到分娩。

注意奶牛高产时的护理:高产牛在泌乳高峰时,日粮中可添加碳酸氢钠1.5%(按总干物质计),与精料混合直接饲喂。其作用是调节瘤胃内环境,使瘤胃pH值增高,增进食欲,促进消化,预防或减少瘤胃酸中毒的发生。

第二章　奶牛疾病的诊疗技术

一、奶牛诊断基本技术

奶牛稳产、高产，健康是关键。牛场兽医负责全群牛只的健康，其工作不仅仅是治病，更重要的是防病。为了及时而正确的诊断疾病，应该做好以下基础工作。

（一）熟悉和掌握奶牛基本情况

1."四勤"是掌握牛只变化的前提　"四勤"：指手勤、腿勤、眼勤和嘴勤。

手勤　要将看到的情况及时记录，每日要记工作日志，每月要有发病月报，每年要有发病年报。由月报、年报总结出牛场内易发什么病，各月发病有何不同，从而掌握牛场的发病规律，为牛病诊治提供依据。

腿勤　即勤下牛棚，要多接触牛。

眼勤　即勤看。下棚察看时，要做到"四看"：看精神、看食欲、看粪便、看泌乳情况。通过四看，就能及时发现牛的各种变化，从而提早发现病牛。

嘴勤　即勤问。饲养员天天和牛接触，最了解每头牛的习性和生理状况，通过询问，能够提供有益的线索，以帮助我们做出全面的分析。

2. 随时掌握饲养管理条件的变化　饲养管理直接影响奶牛的健康与发病。兽医人员不能只知打针、灌药，不知饲料的喂量、配合和加工,而应了解饲料的组成与变化,这对诊断疾病是有好处的。从某种意义上说,牛病发生的多少,反应饲养管理的好坏;而饲养管理的正确与否,又可通过奶牛是否发病和发病的多少来验证。

(二)坚持"三测"、"四查"

"三测":即测体温、测脉率、测呼吸数。

"四查":即一查食欲,是减少,还是废绝。二查精神与外部表现,是沉郁或兴奋,姿势有无改变,是否站立不稳,是否躺卧,外观有无异常。三查泌乳,是泌乳还是停乳,是泌乳高峰期还是泌乳后期,泌乳量下降多还是少,是突然降低还是持续性降低。四查粪便变化,看粪便颜色,是黑色、红色或褐色,质度是软还是硬,是干还是稀,有无黏液、血液等。

(三)综合分析,仔细鉴别

通过"三测"、"四查"可以反应出牛是热性病还是非热性病。当体温升高时,说明机体有炎症过程,奶牛常见有感冒、乳房炎、胎衣不下、创伤性网胃炎、心包炎、腹膜炎等疾病,除此,尚应注意是否有传染性疾病,若为传染性疾病,此时则应以抗菌、消炎为主。如体温、脉搏正常,牛多为非炎症疾病,可见于以下各种情况:①在饲养管理条件稳定的情况下,奶牛发病后体温不高,全身反应不明显,主要表现为食欲减退或废绝、泌乳量下降,高产牛多为酮病,低产牛多为前胃疾病。②注意生理状况,结合外部表现判断,生理状况不同,发病各异。临产前后,当牛体温正常,全身反应不明显,主要表现食欲减退或废绝,这多为产前、产后瘫痪、瘤胃酸中毒、酮病及肥胖母牛综合征的前驱症状,应多加注意。

（四）时刻注意药物疗效

药物疗效是对诊断是否正确的验证。药物疗效不明显，说明诊断尚存在问题。当反复用药治疗而效果不明显时，又可帮助我们从另一方面对病性做出确诊。例如，临床病牛仅见前胃弛缓症状，而经反复用药终无效果，由此可怀疑或确诊系患创伤性网胃炎。

总之，奶牛因生物学特性，决定了其抗病力强，病后症状多不明显，多数疾病都表现为食欲和泌乳的变化，无典型症状，诊断较困难。因此，这就要求我们掌握奶牛发病的特点及其规律性，临床检查要严，类症鉴别要细，既注意其临床特征变化，又要重视药物的治疗效果，综合分析，才能够较准确地做出病性诊断结论。

二、奶牛常用的诊断方法

（一）直肠检查

直肠检查即直肠触诊，为简易可行的诊断方法。奶牛场常用于妊娠诊断。

1. 直肠触诊的组织器官

（1）子宫颈　位于盆腔内耻骨上或耻骨前缘上下。由拇指粗细至胳膊粗细不等。由于肌层发达和有 3～4 个皱襞轮，触之呈索状，质坚实，并有串珠感。怀孕后，由于子宫角的前移下沉和雌激素的作用，宫颈也随之前伸下移，增粗变软，提之有重物感。触诊母牛子宫角首先要触诊到子宫颈。

（2）子宫角　沿子宫颈方向前伸即可找到子宫角。牛子宫体很短,未孕时仅2~4厘米。未孕时子宫角位于盆腔内,盆腔入口处或耻骨前缘下方。呈绵羊角状,向下向内弯曲。青年牛未孕时约手指粗,有软肉质感;成年牛2~3指粗,软肉质感不强。怀孕1个月时子宫角变软,因有胎水,出现波动感。初仅在子宫角尖端可以感到,随后子宫角增粗,在子宫角大弯处呈现局限膨大,手握子宫角轻轻滑动可感到有一软皮蛋状物滑过,此为羊膜囊。有时在子宫间沟前后,轻提子宫壁可感到壁呈两层下滑,此为胎膜,只有在子宫角非常柔软时才能感知。怀孕2个月时,子宫角大弯处约一掌宽。怀孕3个月时接近排球大,并常可感到子宫角向一侧呈90°捻转,有时孕角在下,有时空角在下。轻压子宫或在子宫壁上滑动,可碰到小的疙瘩,为胎盘突。手伸至子宫角下方,向上轻抬子宫角可碰到一浮动物体,即胎儿。此时子宫角仍有明显的收缩反应,有时能持续一段时间,壁较硬。随怀孕月份增加,很容易触到胎盘突和胎儿。怀孕5~6个月时,由于子宫角下垂,子宫颈以下往往触诊不清,但宫颈粗软压扁在耻骨前缘下,上提不动,感觉很重,触诊中子宫动脉有怀孕脉搏,即可确诊怀孕。

(3)**卵巢** 位于子宫间沟处的两侧下方,有时手在间沟上部,拇指和小指向两侧伸展并向下探索即可触及卵巢。触及卵巢后,一般用中指与无名指夹住卵巢附着缘固定,食指和拇指触摸卵巢,感觉其形态、质度,有无卵泡或黄体,及其大小、形态和质度。正常成熟卵泡较大,直径1.5~2厘米,柔软,有一触即破之感。

(4)**输卵管** 对不孕母牛才做此诊断。沿子宫角尖端向前可触及输卵管的狭窄部,如线绳粗,较硬。壶腹部软,触诊不清。输卵管有异常时都增粗,可触诊到如积水、闭锁、囊肿等。

(5)**中子宫动脉** 从其起始部寻找或直接从子宫阔韧带

中寻找均可。感觉中子宫动脉的粗细、搏动的强弱、有无特异震动,特异震动出现的时间及震动的强弱,这是诊断妊娠月份、胎儿是否死活的重要依据。特别当子宫角下沉触不到时。误诊的病例,往往是忽视了对中子宫动脉的触诊。触诊中子宫动脉还有助于确定怀胎数,因怀双胎时,两侧动脉的粗细和搏动相似。

2. 直肠触诊子宫手法　上翻子宫角有以下几种方法。

(1)**钩上式**　中指在子宫角间沟处钩住角间韧带后拉和上翻子宫角,然后从间沟处一直触诊到子宫角尖端;触诊完一侧,再触诊另一侧。

(2)**兜上式**　手伸向子宫角下方,向后上方(即向盆腔内)兜起和翻转子宫。

(3)**挠上式**　用手指在子宫角上前后挠动,慢慢将其挠入骨盆腔。

(4)**右侧上翻式**　手伸至右侧子宫角下方,上翻后拉子宫角,左子宫角也会随之翻转。也可先翻转左侧子宫角,为左侧上翻转。

(5)**折上式**　适用于子宫角较长、下垂较深的母牛。右手先握住子宫颈,向后拉并向左侧扭,使之与体轴呈横的垂直,拇指压住子宫颈,余指向前钩子宫角并后拉,拇指前移压住已后拉的子宫角,使子宫角呈 S 状弯曲。余指再向前钩前面的子宫角,如此将子宫角全部后拉入盆腔,然后从尖端开始向后仔细触诊。

以上各种翻转子宫角的方法,都必须在直肠松弛、母牛没有努责和子宫角也松软的情况下才能试用。

3. 鉴别诊断　①子宫内膜炎时,子宫角增粗、壁肥厚。②子宫积水时,子宫壁薄,有明显的波动感,但液体可以流动,触不到胎盘突和胎儿。③子宫蓄脓时，子宫壁厚，有波动感但不如子宫积水和胎水明显。④死胎时，无胎动，子宫角大小与配种后月份不符；干尸胎时，子宫包住胎块，无胎水；胎儿浸溶时，子宫角内为骨片。

（二）阴道检查

阴道检查是诊断奶牛疾病的常用方法，主要用于产科疾病、繁殖疾病以及传染性疾病。

阴道检查包括视诊和触诊。视诊主要看其颜色、分泌物及有无创伤等。触诊是感觉其有无疼痛，有无增生物及有无皱襞等。

颜色　阴道黏膜潮红、肿胀。见于阴道炎、牛传染性鼻气管炎、牛病毒性腹泻等。

分泌物　阴道分泌物呈褐色，具有恶臭，见于产后子宫弛缓、胎衣不下。分泌物稀薄，含脓丝，为子宫内膜炎；分泌物呈脓性，多为脓性子宫内膜炎、子宫蓄脓。

痛感　多见于分娩时产道损伤，因助产不当、强行牵引胎儿使黏膜受损。

皱襞　阴道黏膜有皱襞，多见于子宫捻转。

综上所述，阴道检查对诊断不妊症，观察分娩状况及对传染病的鉴别诊断，都有重要作用。

三、奶牛常用的治疗方法

（一）乳房内输注法

1. 适应症　治疗和预防乳房炎。

2. 术前准备 准备好消过毒的导乳针,100 毫升注射器,70%酒精,治疗乳房炎药品(包括抗生素)。

3. 输药步骤 ①用温的清洁水洗净乳房,挤净患区炎性乳汁。②用 70%酒精棉球擦拭乳头与乳头末端,轻轻将导乳针从乳头口插入。③将吸好药液的注射器接通导乳针,慢慢地将药物推入乳房内。也可用青霉素、链霉素,用蒸馏水 30～50 毫升稀释,吸入注射器内,再注入乳房内。④药液注完后,抽出导乳针,用 70%酒精擦拭乳头,轻轻地按摩乳头和乳房。

4. 注意事项 ①操作时应保定好奶牛,防止牛踢;②药液以 50～100 毫升为宜,药量不应过少;③每次注射药物时,必须洗净乳头,挤净炎性乳汁,再缓缓注药;④每天 2～3 次,每挤完 1 次,随即注入 1 次。

(二)子宫冲洗法

1. 适应症 适用于慢性子宫内膜炎、子宫蓄脓、子宫积水等。

2. 术前准备

(1)器械与药品 吊桶、脸盆、导管,高锰酸钾、来苏儿、金霉素或土霉素、蒸馏水及温开水。

(2)人员 术者 1 人,助手 1～2 人。

3. 手术步骤 ①用温开水配制 0.1%高锰酸钾液或 0.5%食盐液盛于吊桶内,置于牛体后躯高于牛体处。②术者手臂、母牛会阴部消毒后,术者将手伸入阴道,并将导管经子宫颈口插入子宫;管的另一端与吊桶管接通。打开吊桶开关,药水经导管流入子宫,当药液流入子宫 200～300 毫升时关闭开关,将与吊桶相接的导管断开;术者将导管上下、左右活动,把子宫中的药液导出;将子宫中的药液全部导出之后,再将导管与吊桶接通,打开开关,使药液再流入子宫,然后再按上法导出。如此反复几次,直到洗净子宫为止。最后再灌注抗生素。

4. 注意事项 ①手臂、导管及牛的会阴部要严格消毒。②不应使用过硬的导管,在子宫内活动导管时应缓慢,切勿因粗鲁将子宫穿破。③每次流入子宫的药液,一定要全部导出。

根据临床观察,采用子宫冲洗法,虽能将子宫中的恶露冲出,但子宫因受机械刺激可能引起子宫黏膜发炎,有时导管能将黏膜吸出并流血。如果消毒不严,反而会增加子宫感染机会。特别是在胎衣剥离后,若用大量液体冲洗子宫,奶牛往往会出现拱腰、举尾、体温升高、食欲废绝、产乳量下降及全身反应。因此,除严重的慢性子宫内膜炎病例外,一般不宜采用冲洗法。

(三)胎衣剥离术

1. 术前准备

(1)**器械与药物** 脸盆、注射器、消毒棉及纱布、尾绳,来苏儿、高锰酸钾、10%磺胺软膏、10%鱼石脂软膏、土霉素、金霉素粉、2%~5%奴佛卡因及蒸馏水。

(2)**人员** 术者1人,助手1~2人。

2. 保定方法 站立保定。在牛床上即可。

3. 手术步骤 ①术者应剪去并磨光指甲,用1%来苏儿水洗净手臂,再用酒精棉擦干,涂以10%磺胺软膏或鱼石脂软膏。②助手用温热的1%来苏儿液洗净母畜后躯,洗去露在外面的胎衣上的粪末,擦干生殖道周围,将尾系于牛体一侧。③术者站于母畜臀部左侧,左手握住露于阴门外的胎衣,稍稍拉紧(如无外露的胎衣,则将右手伸入阴道,轻轻将胎衣向外牵引,或边剥离边拉),右手沿胎衣伸入子宫。触摸到子叶,用拇指或食指沿母子胎盘联系的边缘,向内剥离,即可将胎儿胎盘从母体胎盘中分离出来。剥离应自子宫体开始,按顺序向子宫角剥离,严禁用手抓住母子胎盘向下揪。这样边剥离胎盘,左手边向外拉出胎衣。到子宫角时,右手可将胎衣轻轻向外拉动,子宫角可随胎衣的拉动而被提起,逐个地将胎盘剥离,胎衣即可脱落。④胎衣被全部剥脱后,要用金霉素1克(或土霉素2克)溶于200~300毫升蒸馏水中,1次灌入子宫,隔日1次,直到阴道分泌物清亮为止。

4. 注意事项 ①为便于剥离,对性情不安宁或努责强烈的牛,术前可在尾椎穴注射2%奴佛卡因10~15毫升。②为减少对子宫、产道的刺激和感染机会,对术者手臂和母牛阴门必须严格消毒。术者的手不应频频从产道内抽出或伸入。③如胎盘粘连过紧,不能完整地将胎衣剥脱时,可不必强行剥离,应灌入抗生素。④剥离要完整,不可将胎衣残留于子宫内。剥脱后应检查,如有残留时,应全部剥出。

(四)糖钙疗法

1. 适应症 适用于预防和治疗酮病、骨质疏松症、前胃弛缓、产前及产后瘫痪、胎衣不下等。

2. 用量与用法 20%~40%葡萄糖注射液500毫升、20%葡萄糖酸钙注射液500毫升(或10%葡萄糖、3%氯化钙500毫升),静脉注射,每日1次或2次。

3. 糖钙使用要点

(1)临产前 母牛出现食欲不振或废绝,心跳、体温正常时可用糖钙疗法。治疗后,一能促进食欲;二能加强子宫阵缩,促进分娩。糖钙疗法还能预防产前产后瘫痪的发生,加速胎衣的脱落。

（2）**产后** 牛表现食欲不振或废绝,心跳、体温正常,有前胃弛缓症状时可用糖钙疗法。对已发生产后瘫痪的牛,可起治疗作用,对未发生产后瘫痪的牛,可起预防作用,并能促进食欲和加速胎衣的脱落,促使子宫的恢复与恶露的排出。

（3）**泌乳阶段的牛** 日产奶量在 25 千克以上,凡心跳、体温正常,食欲降低或废绝,突然或持续性降乳,步行不稳时,可用糖钙疗法。既可促进食欲,又可提高产乳量。

（五）修蹄疗法

1. 适应症 适应于各种变形蹄,如长蹄、宽蹄、翻卷蹄、蹄角质腐烂(腐蹄)、蹄趾间腐烂的修整和治疗。

2. 术前准备

（1）**器械** 蹄刀、锉、锯、锤及线绳等。

（2）**药品** 消毒棉、硫酸铜、来苏儿、10%碘酊、松馏油、高锰酸钾粉及绷带等。

（3）**人员** 术者 1 人,助手 1～2 人。

3. 保定方法 在四柱栏或二柱栏内,站立保定。

4. 修蹄方法 把牛保定于柱栏内,将牛蹄吊起,术者站立于所修蹄的外侧,根据不同蹄形及病情,分别进行修整。

（1）**长蹄** 用蹄刀或截断刀,将蹄支过长部分修去,并用修蹄刀将蹄底面修理平整,再用锉将其边缘锉平,使呈圆形。

（2）**宽蹄** 将蹄刀或截断刀放于蹄背侧缘,用木锤打击刀背,将过宽的角质部截除,再将蹄底面修理平整,锉其边缘。

（3）**翻卷蹄** 将翻卷侧蹄底内侧缘增厚部除去,用锯除去过长的角质部,最后锉其边缘。

（4）**腐蹄、蹄趾间腐烂** 首先应根据其蹄形变化,将蹄底修平整后,再分别用药物进行治疗。

5. 注意事项 ①修蹄时间可在土地反浆之后雨季到来之前。因为过早修整,气温低,蹄角质坚硬,修整困难;过晚,天热雨水多,修后难以护理,易于感染。②无论修整何种变形蹄,都应根据各个蹄形的具体情况,决定修去角质的数量,不可1次过多地修去角质,否则易引起出血。为能使蹄在负重时两蹄支分开,底面负重均匀,蹄机正常,蹄趾间不易存留污物、粪草,应将两蹄支内侧边缘多修去一些,以使蹄底呈"凹"型。③对翻卷蹄应分次修整:1次修整,往往因过度修去角质而造成出血。如确诊是蹄部病症而引起的跛行,但在修整时又未发现病变时,不可1次深挖,应隔3~5天后,再复检1次,看其有无变化。④凡因蹄病而经修整的病牛,处置后应在干净、干燥的地面上单独饲喂。

(六)瘤胃冲洗术

1. 适应症 适用于前胃弛缓、瘤胃积食、瘤胃臌气、瘤胃酸中毒及饲喂有毒植物所引起的中毒。

2. 器械准备 ①开口器,木制或金属制;②胶质洗胃管;③洗胃桶或大的漏斗;④温水或1%食盐水。

3. 保定方法 柱栏内站立保定。

4. 操作方法 固定好牛只,口内放置好开口器,并将其固定于牛角上。术者将洗胃管通过开口器向胃内插入,若有食糜流出或有难闻的气体排出,即已插进瘤胃内。此时,应将胃内容物及气体充分排出后,连接洗胃桶(也可将漏斗直接插入洗胃管口内),将水灌入瘤胃内5 000~10 000毫升,然后将胃管稍稍拔出,使胃内容物与灌进的水充分混合,再将其由胃管导出,待不流后,再向胃内灌水,再排出,这样反复多次,直至导出的草渣、食物残渣如水洗一样,瘤胃空虚为止。

5. 注意事项 ①牛保定要确实,插胃管时要细心,不要损伤咽部和食道,保证胃管确实插进瘤胃。②用常水、食盐水皆可,水温宜在 38℃ 左右。③每次灌水量不应过大,为了能促使水与胃内容物混合,助手可用手掌按压瘤胃部。④当灌水与导水受阻,多因胃管内被食物阻塞,此时可将导管从瘤胃内拔出,除去梗塞物后,再重新操作。

(七)输血疗法

1. 适应症 本法适用于以下疾病:

(1)**急性大出血** 如创伤、严重挫伤、大面积烧伤、严重腹泻、内脏破裂所引起的出血。

(2)**中毒性疾病** 如农药中毒、霉败饲料中毒及化学物质引起的中毒。

(3)**血液病** 如血友病、再生障碍性贫血。

2. 输血准备

(1)**血液来源** 选用年轻体壮、无传染性疾病的奶牛血液。血液用 3.8% 枸橼酸钠抗凝。

(2)**交互配合试验** 即选择相同血型。检查用玻片法。取双凹玻片 1 块,加受血牛 1 滴血清,置于左侧玻凹内,再加供血牛 50% 红细胞悬液 1 滴;取供血牛血清 1 滴,置于右侧玻凹中,加受血牛 50% 红细胞悬液 1 滴,分别用小玻棒搅匀,置 20℃ 下 15 分钟,若不发生溶血,判为阴性,0.5 小时后再观察有无凝血、溶血现象。

3. 输血方法 静脉注射输血。输血量:犊牛 80~110 毫升/千克体重,成年牛为 60~70 毫升/千克体重。

4. 输血注意事项 ①严格无菌操作,防止细菌感染。血液收集与处理的用具应严格消毒。为防止感染,血中可加入抗生素,其用量为每 100 毫升血液内加青霉素、链霉素各 25 万单位。②首次输血量要大、要足,尽量避免重复输血,以减少牛的输血反应。③及时观察牛只反应,输血速度应缓慢,当牛出现呼吸困难、肌肉震颤时,立即停输。必要时,可用肾上腺素肌内注射解救。④血液应是新鲜的。为防止机体血钙下降,必要时,用 10% 葡萄糖酸钙液 500～1 000 毫升,静脉注射。

(八)胎儿牵引术

1. 适应症　用于宫缩和努责微弱;宫颈、前庭和阴门轻度狭窄,但组织较软能被撑开;胎儿相对过大,其他因素正常。

2. 必备器械　助产绳(以棉蜡绳为最佳)、助产棒(以木质为好,中段有孔,供助产绳穿过和固定用)、产科钩(短粗,尾端有孔,缚绳用,也可用秤钩代替)。

3. 术前准备　①术者 1 人,助手 2～4 人;②准备好助产绳、来苏儿、脸盆和温水。

4. 具体操作　用助产绳或产科钩,缚住或钩住胎儿头或两眼眶和两前肢(球节上),或两后肢(球节上)。配合母牛努责,进行交替牵引,以减小肩和髋的宽度,便于拉胎儿通过产道。胎头和躯体通过阴门时,助手护住阴门,以防撕裂。为增加牵引力,助产绳先固定在助产棒上,拉助产棒来牵引。

5. 注意事项　①使产道充分滑润。胎水少,产道干燥时,可向产道内注入大量液体石蜡、肥皂水或淀粉浆,以润滑产道。②拉两前肢或两后肢时,不可同时用力拉紧两条助产绳,而应交替牵引,使胎儿肩胛或髋关节的宽度倾斜缩小,便于通过母体骨盆腔。③胎儿通过困难时,应将两前肢送回产道内,将胎头拉出,当头娩出后,两前肢可通过胎颈和产道之间的空隙顺利拉出。④牵引要与母牛阵缩、努责相配合,不能强拉,当整个胎儿将被拉出时,应缓慢牵引,防止子宫脱出。⑤仔细检查产道开张情况和胎儿状况,使助产心中有数,避免产道未完全开张而过早助产,造成子宫颈口的撕裂、大出血等。

(九)会阴侧切术

1. 适应症 阴门及前庭狭窄、胎头被裹住不能产出时。

2. 必备器械 刀、剪、止血钳、缝针、缝线和持针器。

3. 具体操作 切口部位在阴门上联合两侧,离上联合不少于 4 厘米处,呈 45°角向斜上方,从皮肤到黏膜一次切开,切口长度以胎头能通过为限。术部严格消毒,但不一定麻醉。胎儿拉出后立即行结节缝合。

(十)胎儿矫正术

1. 适应症 产道开张良好,宫缩正常或微弱,胎儿的姿势、胎位或胎向异常。

2. 必备器械

(1)**绳导** 穿引助产绳用,可由直径 0.5 厘米的铅丝弯成,大小、长短和弯度,根据需要而定。

(2)**产科梃** 推退胎儿用。梃的尖端顶住进入盆腔的胎儿前置部分,推退入子宫,以便手和器械通过盆腔进入子宫,矫正胎儿异常部位。

(3)**推拉梃** 推退或拉直胎儿肢体用。梃端分叉,叉端有孔,以穿绳固定胎儿肢体,然后将其推退或拉直。

(4)**扭正梃** 扭正胎儿头颈用,也可扭正胎儿躯体。梃端有一支叉,梃尾有一圆孔,梃杆入胎儿口内,叉固定拉胎儿面颊,圆孔内穿助产棒,可将回转的胎头扭正。扭正梃可代替推拉梃推拉胎儿用,故又称多能梃。

3. 具体操作

(1)徒手矫正　适用于轻度的胎儿头颈和四肢的姿势异常,如头颈侧弯,头颈下弯,腕关节、肩肘关节和跗关节屈曲,肢顶上交叉等。肩关节和髋关节屈曲发生的早期,有时也能奏效。

(2)器械矫正

①头颈侧弯　产科绳双股,用绳导引过胎颈,一股移向胎儿前额,一股移向颈后,拉紧固定,术者手护住胎头鼻端,助手外拉,将胎头拉直拉入产道(盆腔)。手护住鼻端起保护和引导作用。手不及鼻端的,先用绳将头拉近盆腔入口,手护住鼻端后,再将其导入盆腔。

②胎头后仰　先将胎头转为侧弯,再按侧弯矫正。

③胎头下弯　母牛仰卧,产科梃推退胎头,手握鼻端,将胎头上抬、拉直和导入盆腔。

④头颈捻转　头颈为轴向一侧捻转,扭正梃送入胎儿口内,将胎头捻正。

⑤头颈回转　头顶朝下,鼻端向产道,头颈呈 S 状弯曲,是由于头颈侧弯或侧胎位时强拉胎儿,人为错误助产造成。先用助产绳套住胎头,然后用扭正梃扭正胎头,并配合将其拉直拉入盆腔。

⑥肩部前置　即肩胛关节屈曲,用绳导将助产绳绕过屈曲前肢,绳一端固定在推拉梃一叉孔内;另一端穿过另一叉孔,推拉梃贴屈曲前肢,在手引导下向肢端推,边推边拉绳,至管部将绳拉紧并在梃把上固定。助手在外拉梃,术者手护住梃端,将肢先拉成腕关节屈曲,手护住肢端,再将其导入盆腔并拉直矫正。

⑦坐骨前置　即髋关节屈曲,矫正方法同肩部前置。在器

械帮助下,先矫正成跗部前置,然后再矫正拉直。

⑧正生侧位　用3条助产绳分别缚住胎头和两前肢,术者手伸向胎头下方,配合助手拉胎头,将胎头上抬、扶正、导入盆腔。然后先后将两肢导入盆腔。正生侧位矫正头是关键,一定要先矫正。正生下位,也可按此法矫正。侧位和下位在矫正胎头的同时,躯体可随之转为侧位至上位。

⑨倒生侧位和下位　矫正方法同上,并较正生侧位和下位容易矫正。

⑩胎向异常　矫正困难,应及早剖腹产为佳。

(十一)翻转母体术

1. 适应症　仅适用于子宫捻转。

2. 必备器械　长保定绳3~4条。

3. 具体操作　患牛侧卧,保定绳分别固定好前后肢。子宫向右捻转,母牛右侧卧保定,急速牵拉保定绳向右方向翻转母体呈左侧卧,利用子宫重力的惯性,急速翻转母体,子宫不会跟随而复位,简称右右右;子宫向左捻转,母牛左侧卧保定,急速向左方向翻转母体呈右侧卧,简称左左左。翻转1次做1次产道内检查,以防翻过。子宫捻转病例往往宫颈开张不全、胎位不正、宫缩乏力。捻转子宫复位后,需立即助产矫正和拉出胎儿。

4. 注意事项　①翻转母体时,一定要正确诊断子宫捻转方向。②翻转母体要迅速,头和四肢翻转要协调一致。翻转1次子宫未复位的,将牛体轻轻翻回原位,再急速翻转1次,如此直至子宫复位。③翻转1次,要检查产道1次,以防翻过造成子宫向对侧捻转,并验证诊断方向是否正确。

第三章 传 染 病

口 蹄 疫

　　口蹄疫又称流行性口疮,俗称口疮蹄癀。本病是由口蹄疫病毒引起的急性热性高度接触性传染病。临床上以口腔黏膜、鼻镜、蹄冠与趾间皮肤乃至乳房皮肤发生水疱和烂斑等为特征。

　　【病原】　为小核糖核酸病毒科口蹄疫病毒属口蹄疫病毒。共分为A,O,C,南非1,南非2,南非3和亚洲1等7个主型。病毒粒子近圆形,直径20~25纳米。本病毒对外界理化学因素抵抗力很强,耐低温,但不耐高温,如粪中的病毒在温暖季节可存活29~33天,而在冻结条件下可以越冬。在4℃时比较稳定,在-70℃~-50℃中最稳定,可保存数年之久。对酸碱很敏感,在pH值5时,经过1秒钟即灭活90%;在pH值9以上时,迅速灭活。对干燥的抵抗力较强,在干草、土壤中的病毒,可存活1个月。病毒在日光直接照射下,迅速被杀死;对常用消毒药,如酒精、乙醚、石炭酸、氯仿等,均不敏感;1%~2%氢氧化钠液、2%醋酸液或4%碳酸钠液,都能有效地用于口蹄疫病毒的消毒。

　　【诊断要点】
　　流行病学　病牛和带毒牛是本病的主要传染源。病牛各组织器官,尤以水疱皮和水疱液中的病毒含量最多。病牛可以通过水疱液、唾液、乳汁、精液等分泌物和汗、尿、粪等排泄物污染车辆、牧场、饲料、水源,甚至可通过空气、来往人员以及动物等传播。

传播途径以直接接触和间接接触的方式传递。如奶牛食进污染了的饲料、饮水、奶及其制品等,可经消化道感染;奶牛吸入污染了的空气或尘埃等,可使呼吸道感染;也可由饲喂感染牛群或由挤奶工人、挤奶机器而发生接触性感染,以及通过人工授精传播等。通过破伤的皮肤和黏膜也可感染发病。

总之,本病传染性极强,一年四季都可发病。在牧区常表现为秋末开始发病,冬季加剧,春季减缓,夏季平息。流行迅猛,在 2～3 天内即可波及全群,及至一片地区。

临床症状 自然感染的牛,潜伏期 2～5 天,最长的 21天。口腔黏膜发炎并以潮红、灼热等为主征。病初体温升高达 40℃～41℃,精神委靡不振,食欲下降,闭口流涎。经 1～2 天后,在唇、舌、齿龈和颊部黏膜上突起蚕豆大至核桃大小的水疱,口角流涎增多,嘴边流满条状白色泡沫。食欲废绝,反刍停止,泌乳量下降。经 2～3 天,水疱破溃后形成边缘不整齐的红色浅表糜烂区。体温降至常温时,糜烂面开始愈合并留有瘢痕。病牛全身状况也逐渐好转。在口腔形成水疱的同时或稍后,在蹄趾间及蹄冠等皮肤上呈现红、肿、热、痛和水疱,并迅速破溃、糜烂成烂斑,呈现跛行。继发性细菌感染时,使局部化脓、坏死,蹄匣脱落,迫使病牛卧地。

乳头及乳房被侵害时,乳头皮肤发红、肿胀,后有水疱出现。水疱破溃后形成糜烂斑,当链球菌、葡萄球菌感染时,乳房急性肿胀,乳汁变稠,类似初乳,泌乳性能降低,甚至停止。

犊牛感染后,病毒侵害心肌,引发急性心肌炎,病牛全身肌肉颤抖,心跳加快,节律不齐,步态不稳,突然倒地而死于心力衰竭,即恶性口蹄疫。

病理变化 口腔、蹄趾部出现水疱和烂斑，咽喉、气管、支气管和前胃黏膜呈现圆形烂斑或溃疡，并有纤维蛋白样或棕黑色痂皮覆盖，真胃、小肠黏膜严重出血。心包有弥漫性或点状出血，心肌松弛、色淡，似煮肉样。心肌切面有灰白色和淡黄色斑点或条纹。肺气肿，有的伴发异物性肺炎、化脓性关节炎以及乳房炎等。

实验室检验 确诊本病病性，必须进行致病病毒的分离、鉴定，以及进行血清学试验，确定血清型。

【鉴别诊断】 本病应与牛瘟、牛病毒性腹泻-黏膜病、牛恶性卡他热、传染性水疱性口炎、牛传染性溃疡性乳头炎等，加以鉴别。

牛瘟 本病是由麻疹病毒属牛瘟病毒引起的牛的急性败血性传染病。由病牛排泄物散毒，经消化道、呼吸道感染，经昆虫也能传播。临床症状为高热、流泪、流涎和流鼻液。口腔黏膜潮红，在口角、齿龈、颊部黏膜有烂斑、溃疡，但蹄冠、蹄趾间皮肤无病变，这是与口蹄疫不同之处。应用补体结合试验和荧光抗体检查可确诊，也可以此加以区别。

牛病毒性腹泻-黏膜病 见第三章牛病毒性腹泻-黏膜病。

牛恶性卡他热 本病是由疱疹病毒丙亚科的牛疱疹病毒3型引起的牛的急性热性传染病。临床症状为持续高热，流泪，结膜炎，角膜混浊并有溃疡，流脓性鼻液，体表淋巴结肿大。死亡率高。但无蹄冠、蹄趾间皮肤病变，这是与口蹄疫的区别所在。

传染性水疱性口炎 本病是由弹状病毒科水疱性口炎病毒引起的牛的急性传染病。临床上以口腔黏膜发生水疱，流泡沫样口水等为特征。由病牛的水疱液和唾液散毒，经消化道黏膜和损伤的皮肤感染发病,有的病牛蹄部和乳房皮肤上也发生水疱。发病期和康复期用牛的血清做中和试验和补体结合试验,可确诊病性。

牛传染性溃疡性乳头炎 本病是由牛乳头炎病毒引起的传染病。病牛和带毒牛是传染源。挤乳工具等是主要的传染媒介。病初乳头上出现大小不等的白色水疱,破溃后形成溃疡。轻型病牛乳头皮肤变蓝色或蓝黑色,形成无痛肿胀或腐肉。确诊病性需用早期病变组织和渗出液,从中分离出病毒或通过犊牛实验性感染发病。

【防治措施】 已发生口蹄疫时,对病牛一律屠杀,不予治疗。

预防 处于安全地区的奶牛,重在预防。禁止从污染地区输入牲畜、畜产品。

发生疫病的地区,应立即向上级有关部门报告,划定疫区界限,严格封锁。对病牛或可疑动物应一律就地宰杀、深埋或焚毁。

怀疑受污染或已污染的圈舍、饲料、用具、运输车辆、粪、尿等,应用2%氢氧化钠液,彻底消毒,严格限制疫区人、畜的流动。必须在最后1头病牛痊愈或死亡14天后,又无新的病牛发生,经彻底消毒并请示上级批准后,方能解除封锁。

疫区邻近地区尚未感染的牛群,应立即接种疫苗,每半年接种1次。

牛流行热

牛流行热又称牛流行性感冒、暂时热、三日热。本病是由病毒引起的牛的急性热性传染病。临床上以急性高热、流泪、流涎、浆液性鼻液、呼吸困难、四肢关节疼痛和后躯运动障碍等为特征。

【病原】 为弹状病毒科牛流行热病毒。病毒粒子长130～220纳米，宽60～80纳米。本病毒耐寒不耐热，能抵抗反复冻融，在37℃下24～48小时灭活。对紫外线照射、乙醚、氯仿和胰酶等均敏感。在pH值2.5条件下10分钟或pH值5.1条件下6分钟均能灭活。

【诊断要点】

流行病学 病牛是本病的主要传染源。

传播途径主要是通过某些节肢动物或吸血昆虫叮咬散播，呈局部流行或大流行。

本病主要侵害牛，尤以奶牛易感，3～5岁的牛更易感；犊牛及9岁以上的牛少发。

临床症状 潜伏期3～8天，突然发病。病牛全身颤抖，尤以肘肌震颤显著，皮温不整，角根、耳、四肢末梢冷凉，继之体温升高达40℃～42.5℃，稽留2～3天。眼结膜充血，眼睑水肿，羞明，流泪。心跳加快至100～130次/分钟，呼吸急促至70～120次/分钟。呈腹式呼吸，表现呼吸困难，苦闷状，呻吟。鼻镜干燥，鼻液初为浆液性，后为黏液性或水样。口腔发炎，食欲废绝，反刍停止，大量流涎。呈现肠炎症状。先便秘，排出球状干而小的暗色粪，后排出稀软粪，呈水样。尿量减少，色暗褐、混浊。少数病牛无尿。

有的病牛呈现运动障碍，如四肢关节水肿、疼痛、僵硬，步态强拘、蹒跚，有时站立困难而被迫横卧地上。

有的病牛出现神经症状，精神沉郁，目光无神，呆立不愿走动，反应迟钝。随后兴奋，表现紧张、敏感、狂暴，全身抽搐，角弓反张，躯体失去平衡。多数病牛可耐过，只有个别病牛轻度瘫痪。

病理变化　特征性病变为明显的肺间质性气肿、肺充血和肺水肿等。气肿肺高度膨胀，间质增宽，其中有胶冻样浸润，气管内积有大量泡沫状黏液。胸腔也有大量暗紫色液体。真胃、小肠和盲肠有卡他性炎症和渗出性出血。在四肢多发性滑膜炎、关节周围炎等。肩、背和胸等处发生皮下气肿。

实验室检验　确诊本病病性，一般应在发热初期采取血液进行病毒的分离、鉴定，同时采取高热初期和恢复期的血清，做病毒抗体检测，以及用直接免疫荧光法检测病毒抗原。

【防治措施】

治疗　①当病牛体温升高时，应用解热镇痛药，如复方氨基比林注射液，20～40毫升，肌内注射。或用30%安乃近注射液，20～30毫升，肌内注射，每日2次。②用强心利尿药，如5%葡萄糖生理盐水2 000～3 000毫升，20%安钠咖注射液10～20毫升，静脉注射。③制止继发性感染，应用抗生素，如青霉素200万～400万单位，以注射用水溶解成注射液，或用链霉素1克，以注射用水溶解成注射液，分别肌内注射，每日3次，连用3～5日为一疗程。④对轻瘫病牛，应用25%葡萄糖生理盐水2 000～3 000毫升，40%乌洛托品注射液50毫升，10%水杨酸钠注射液100～200毫升，20%安钠咖注射液10～20毫升，静脉注射，每日1～2次，连用3～5日。

此外，还可应用兴奋呼吸中枢药，消除水肿药等。

预防　做好病牛隔离工作，严格封锁疫区，牛场和牛舍进行彻底消毒，限制向未发病地区引进牛群。应用杀虫剂，消灭蚊、蠓等吸血昆虫，这是防制本病的有效措施。

蓝舌病

蓝舌病是由病毒引起的牛的急性传染病。临床上以发热，口腔、鼻腔和胃肠道黏膜发生溃疡性炎症为特征。病牛舌、齿龈和颊黏膜充血、瘀血，后变为青紫色，故称为蓝舌病。

【病原】 病原为呼肠孤病毒科环状病毒属蓝舌病病毒。病毒粒子呈球形，直径 60～80 纳米。本病毒对理化学因素有很强的抵抗力，对乙醚、氯仿不敏感，对酸、胰酶和常用消毒药等敏感，在 pH 值为 3 的环境中，以及 70％酒精、3％氢氧化钠溶液中可迅速灭活，在 60℃下 30 分钟可被杀死。病毒在甘油-草酸盐-石炭酸的混合液中可长期存活。

【诊断要点】

流行病学 病牛和带毒牛是主要传染源。病毒存在于病牛的血液和脏器中，且以发热期间含量最多。精液中也含有很多病毒。

传播途径，主要是通过吸血昆虫——库蚊（蠓）和伊蚊叮咬，使易感牛感染发病。公母牛交配也可传播，或经胎盘感染胎儿。

本病呈明显的季节性，多在吸血昆虫活动旺盛的夏末秋初季节发生，尤其以河流、池塘较多的湿热地带发病最多。

临床症状 自然感染的潜伏期为 6～9 天。感染牛通常缺乏临床症状。急性病牛体温升高达 42℃，并稽留。精神沉郁，食欲废绝，流涎，消瘦，虚弱。口腔、舌、咽、硬腭黏膜潮红或发绀，齿龈、舌、唇边缘出现烂斑。鼻孔内积有浓稠鼻分泌物。由于胃肠炎病变，呈现下痢，粪中带血。蹄冠发炎，蹄部皮肤上有线状或带状紫红斑。蹄趾间皮肤坏死，跛行，卧地不起。肋腹部、会阴、乳房和乳头皮肤出现斑块状急性皮炎。病程数日至2周不等。

妊娠母牛多发生流产或死胎；新生犊牛双目失明，运动失调及先天性畸形。

病理变化　口腔黏膜和舌体充血、出血或发绀、水肿、糜烂、溃疡并形成痂皮，鼻镜溃疡。瘤胃、真胃和肠道黏膜充血、出血和溃疡。皮肤上密布小出血点，上皮脱落、溃疡、坏死。蹄部皮肤肿胀、溃疡并呈暗紫色带。肌肉出血，玻璃样变，胶样浸润。心肌、心内外膜、呼吸道和泌尿道黏膜有出血点。

实验室检验　确诊本病必须进行致病病毒的分离、鉴定以及抗体检测。病毒分离的病料有血液和脾脏。在临床上应用琼脂扩散试验和血清中和试验等来检测蓝舌病抗体。

【防治措施】

治疗　目前尚无特效治疗药物。临床上采用对症治疗。为防止继发感染，常应用广谱抗菌药物。

预防　消灭传播媒介库蠓等吸血昆虫和定期免疫接种，是控制本病的关键环节。

严格把好检疫关。凡从疫区或国外引进奶牛时，必须经过检疫程序，绝不准将病牛或带毒牛误混入健康牛群。

为了消灭传染媒介——库蠓和伊蚊等，可应用 0.2% 除虫菊酯煤油溶液，在夏季每隔 1 周全牛场喷雾 1 次。用 0.06% 氧硫磷（蜱虱敌）给牛群喷淋，以防止库蠓、伊蚊等叮咬，并驱杀牛体外寄生虫。

经常保持牛舍、运动场清洁卫生，定期进行清扫、消毒，对粪尿、褥草及时清除，集中堆积发酵。要经常铲除牛场周围的杂草，排除污水，以清除蚊、蠓等孳生地。

牛传染性鼻气管炎

牛传染性鼻气管炎又称牛鼻疫、流行性流产、坏死性鼻炎，俗称红鼻子病。是由病毒引起的牛的急性热性高度传染性疫病。临床表现鼻气管发炎，发热，咳嗽，流鼻液和呼吸困难等症状，伴发结膜炎、角膜炎、阴道炎、龟头包皮炎、脑膜脑炎、子宫内膜炎和流产。

【病原】 为疱疹病毒科牛疱疹病毒 I 型。病毒粒子呈圆球形，直径 115～230 纳米。本病毒比较耐碱而不耐酸，比较抗冻而不耐热，在 pH 值 6 以下很快失去活性，而在 pH 值 6.9～9 的环境下很稳定。在 4℃ 可存活 30～40 天，在 -70℃ 保存可存活数年。病毒对乙醚、氯仿、丙酮、甲醇以及常用消毒药都敏感，在 24 小时内可完全被杀死。

【诊断要点】

流行病学 病牛和带毒牛为本病的主要传染源。被感染牛的鼻液、眼泪、阴道分泌物、精液中长期带毒，流产胎儿、胎衣中也都含有大量病毒。

传播途径主要是呼吸道和生殖系统。易感牛吸入被污染的空气、尘埃、飞沫，以及与病牛交配后，即可感染。吸血昆虫也能传播本病。

本病以肉牛易感，奶牛次之，尤以 20～60 日龄犊牛，处于寒冷季节时最易感染发病。

当饲养管理不当，牛舍密集拥挤，通风不畅，卫生条件差，罹患其他疾病或使用大量皮质类固醇药物，甚至在牛群隐性感染后使用疫苗等，均可成为本病发生的诱因。

临床症状 潜伏期 5～7 天，有时长达 20 天以上。根据本

病病毒侵害部位的不同,可将本病分为如下 4 型:

①呼吸道型　病牛体温升高达 40℃～41℃,精神不振,食欲废绝。鼻黏膜高度充血,散发灰黄色小豆粒大小的脓疱,并有浅溃疡和白色干性坏死斑。流出大量黏液性脓性鼻液,呼出气体放出臭味。常因炎性渗出物阻塞呼吸道和支气管炎,引发咳嗽,呼吸加快,呼吸音粗厉,咽喉发炎,张口呼吸,出现呼吸困难,病牛伸颈,并伴有咽下障碍,使采食的饲草料渣或饮进的水从鼻孔逆出。结膜炎,流泪,腹泻,粪稀带血和黏液。泌乳量下降,甚至停止。

②结膜角膜炎型　眼结膜炎症和角膜混浊。轻型病例结膜和角膜充血,眼睑浮肿,大量流泪、羞明。重型病例眼睑外翻,在结膜上生成脓疱,而角膜表面形成直径 1～2.5 毫米的白色坏死性斑点。有黏液脓性眼眵。

③生殖器型　病初体温升高,精神沉郁,食欲减退,频尿,屡屡举尾作排尿姿势,从阴门流出条状、黏液脓性分泌物。外阴与阴道后 1/3 处黏膜充血、肿胀并出现小的红色病灶,进而发展为灰色粟粒大小的脓疱,并融合形成一层淡黄色纤维蛋白性膜,覆盖黏膜表面,有的可形成溃疡灶。有的发生子宫内膜炎。孕牛流产、产死胎或木乃伊胎。公牛感染发病称为传染性脓疱性包皮龟头炎。龟头、包皮和阴茎充血、肿胀,并形成脓疱,破溃后形成溃疡。精囊腺坏死,失去配种能力。

④脑膜脑炎型　以 3～6 个月龄的犊牛多发。体温升高达 40℃以上,随后呈现神经症状,精神委靡与兴奋交替出现,但以兴奋过程为主,惊厥,口吐白沫,磨牙,视力障碍,共济失调,倒地后四肢划动,角弓反张。

病理变化　鼻、喉、气管黏膜发炎、坏死和溃疡,并有假膜。眼结膜和角膜表面上形成白斑。外阴和阴道黏膜上有白斑、糜烂和溃疡。呈现脑膜脑炎。流产胎儿的肝、脾及淋巴结呈现弥漫性或局灶性坏死。有的胎儿皮下发生水肿。

实验室检验　检测本病病毒是最为可靠的诊断方法。以血清中和试验最为常用，以此来检测病毒抗体。

【防治措施】

治疗　目前尚无特效治疗药物。但为了防止继发感染，可应用广谱抗生素或磺胺类药物，进行综合性对症治疗。

预防　坚持自繁自养的原则，不从疫区或不将病牛或带毒牛引进牛场。

凡需引进的牛，一定要在隔离条件下进行血清学检验，阴性反应牛才能引进。对种公牛要取精液检验，确定健康后，可混群并参加配种使用。

对暴发本病的牛场，在严格隔离、封锁的前提下，对牛场全群牛进行血清学检验，凡血清阳性牛，应及时从牛群中挑出来，隔离饲养，酌情予以屠宰处理。接种弱毒疫苗或灭活疫苗可防止本病发生和扩散。

牛病毒性腹泻-黏膜病

牛病毒性腹泻-黏膜病又称牛病毒性腹泻、牛黏膜病。本病是由牛病毒性腹泻-黏膜病病毒引起的牛的热性传染病。临床特征是厌食，腹泻、脱水、体重减轻，黏膜发炎、糜烂和坏死，以及流产胎儿发育异常等。

【病原】　本病病原是黄病毒科瘟病属的成员。病毒粒子呈圆形，外有囊膜，直径 50～80 纳米。

本病病毒对外界环境抵抗力较弱，如对乙醚、氯仿和胰酶等均敏感。在 36℃～37℃条件下灭活较慢，常用消毒药能很快将其杀死。真空冻干病毒在-60℃～-70℃下可保存多年。

【诊断要点】

　　流行病学　病牛和带毒牛是本病的主要传染源。病牛所排泄的粪、尿和鼻、眼分泌物、乳汁和血液等,可污染饲料、饮水和外界环境,当牛群采食、饮用或吸入带毒物质后而感染发病。

　　传播途径主要是消化道、呼吸道感染,胎儿可通过母牛子宫胎盘垂直感染。多数牛感染后无明显的临床症状而呈隐性经过。

　　本病呈地方性流行。各种年龄的牛对本病都有易感性,但以3～18个月龄犊牛易感性较强。

　　牛群饲养管理不当,犊牛吃初乳不足,天气寒冷潮湿,牛舍拥挤,卫生条件差又不消毒等,都是本病发生的诱因。

　　临床症状　潜伏期为7～14天,多呈隐性感染。

　　①急性型　多见于幼龄牛和青年牛。发病后体温升高达41℃～42℃,持续4～7天。厌食,反刍停止,流涎,流泪,泌乳性能降低。唇、舌、齿龈和硬腭发生糜烂和溃疡。有的在蹄趾间皮肤上发生糜烂斑,跛行。腹泻,粪稀如水,呈喷射状排出,淡灰色,有恶臭味,以后变浓稠,呈浅灰色糊状,混有大量黏液和血液,脱水,皮肤弹性丧失。

　　②慢性型　鼻镜糜烂,眼有分泌物,耐过急性的病牛呈现持续性或间歇性腹泻,粪便恶臭,混有蛋清样白色黏液和血液,甚至排出绳索状的纤维蛋白性管状物。病牛被毛粗刚、逆立,无光泽,高度消瘦,角膜混浊。

　　妊娠母牛流产,或产出有先天性缺陷的犊牛,如小脑发育不良、瞎眼、运动失调、眼球震颤等多种神经症状。

　　有的病牛蹄冠发炎,蹄壳变长而弯曲,趾间皮肤糜烂、坏死,跛行。

病理变化 鼻镜、鼻腔黏膜、齿龈、舌、软腭及硬腭以及咽部黏膜糜烂、浅溃疡。食道黏膜有大小不等呈直线排列的糜烂,肠道卡他性出血、溃疡以至坏死性炎症。整个消化道的淋巴结肿大和水肿。蹄趾间皮肤和蹄冠呈急性糜烂、溃疡和坏死。

流产胎儿的口腔、食道和气管黏膜有出血斑、溃疡。犊牛小脑发育不良,脑室积水。

实验室检验 确诊本病病性需取病牛源细胞培养分离和鉴定病原。此外,可用琼脂扩散试验和免疫荧光试验检查牛组织中的病毒抗原。通过病毒血清中和试验、琼脂扩散试验和免疫酶标记抗体试验检测抗体。

【鉴别诊断】 本病与恶性卡他热、口蹄疫、蓝舌病、传染性鼻气管炎等,应加以鉴别。

恶性卡他热 它是由牛疱疹病毒 3 型引起的急性热性传染病。临床上以体温升高,全眼球炎,消化道、呼吸道、泌尿系统以及脑膜发炎为特征。如由疱疹病毒 1 型引起的,与牛病毒性腹泻-黏膜病有些相似,必须通过免疫荧光试验检查牛组织中的病毒抗体,才可以区分。

口蹄疫、蓝舌病和传染性鼻气管炎 分别见本章口蹄疫、蓝舌病和传染性鼻气管炎。

【防治措施】

治疗 目前对本病尚无有效的治疗药物。只能在加强监护、饲养以增强牛机体抵抗力的基础上,进行对症治疗。针对病牛脱水、电解质平衡紊乱的情况,除给病牛输液来扩充血容量外,可纠正酸中毒等;投服收敛止泻剂(药用炭、矽炭银),配合应用广谱抗生素(土霉素、四环素等),可抑制继发性感染。

预防 ①加强兽医防疫措施,尤其要严格执行口岸检疫工作,严防引进病牛。掌握牛场本病的流行情况,如发现少数血清抗体阳性牛,应立即屠宰淘汰,防止扩大疫情,以消除传染源。②加强饲养管理和卫生消毒措施,必要时可接种本病弱毒疫苗。有人主张,应用猪瘟弱毒苗免疫保护效果也很好。③妊娠母牛在临分娩前,要饲喂全价饲料;犊牛出生后,除供应充足的初乳外,同时投服或注射抗生素类药物。

牛白血病

牛白血病又称牛病毒性造血细胞组织增生症、牛淋巴肉瘤、牛恶性淋巴瘤、牛白血病复合征等。本病是由病毒引起的一种淋巴网状系统全身性恶性肿瘤。它是由淋巴组织的一种或多种白细胞成分的恶性增生后进入血液中,使白细胞异常增多,导致以恶病质和高病死率为特征。

【病原】 为牛白血病病毒。根据本病病原的不同,分为地方流行型白血病和散发型白血病两大类。牛地方流行型白血病病毒呈 C 型病毒粒子,其直径为 90～120 纳米,核心直径 60～90 纳米,呈圆形或椭圆形。成熟病毒粒子在细胞膜上以出芽方式释放。

牛白血病病毒对外界环境的抵抗力较强,加热 60℃以上,可使其对细胞的感染力丧失,高温和巴氏消毒法能灭活牛奶中的白血病病毒。

【诊断要点】

流行病学 感染病牛终生带毒,成为传染源。

牛地方流行型白血病的传播方式有垂直传染和水平传染两种:前者包括先天性传染在内,是由母牛体内子宫胎盘将病毒传递给胎儿;后者则由病毒污染的器械、兽医采血、注射、手术、人工输精、生物制剂的应用,吸血昆虫的刺螫等而传染。新生犊牛吃进病母牛的初乳、常乳及其制品等,也可传染发病。

临床症状 根据临床病理学变化,将临床症状分为以下几型:

①地方流行型 以4～8岁奶牛多发。多数感染牛不呈现临床症状,以在血液中存有白血病抗体并出现持续的淋巴细胞增多症和异常淋巴细胞为特征。只有生成肿瘤之后,才出现体表或颈浅淋巴结及内脏淋巴结肿大。直肠检查可触摸到肿大的内脏淋巴结。由于肿瘤部位机械性损伤和压迫作用,使病牛呈现相应的临床症状。病牛食欲不振,体重减轻,发育不良,全身乏力,泌乳性能明显降低,可视黏膜苍白或黄染,前胃弛缓和瘤胃臌气等。当侵害心脏时,心搏动亢进,心跳加快,心音异常;出现瘤块压迫性呼吸、吞咽困难,全身出汗,眼球突出,胸前浮肿;腹泻,粪如泥样,有恶臭味,混有血液;频尿或排尿困难。当骨盆腔及后腹部发生肿瘤的病牛,呈现共济失调,跛行,起立困难,被迫横卧地上。子宫肿瘤病牛,发生流产、难产或屡配不孕。

②犊牛型 常见于6个月龄以内的犊牛或青年牛。淋巴结肿大,精神不振,全身虚弱无力,个别的病牛发热,心动过速,可视黏膜发绀或黄染。食欲不振,全身出汗,腹泻,驻立困难而卧地。由于内脏发生的瘤块压迫,呈现瘤胃臌气和充血性心力衰竭等症状。

③胸型 以7～24个月龄以内的小牛多发。胸腺呈块状肿大,其邻近局部淋巴结被侵害、肿大,引起颈静脉怒张、静脉波动和局部浮肿。有的出现发热、瘤胃臌气等症状。

④皮肤型 幼龄牛皮肤出现荨麻疹样皮疹,以真皮层为

主形成肉瘤。成年牛常于颈、背、臀及大腿等处发生肿块。

病理变化 病牛淋巴结肿大,遍及全身和各脏器,形成大小不等的结节性或弥漫性肉芽肿病灶。尤以真胃、心脏和子宫等为最常发的器官。

实验室检验 常用的有免疫扩散法和改良微量免疫扩散法等。若检出白血病抗体,即可确诊为病毒感染。通过白血病病牛的白细胞总数、淋巴细胞的比例及其绝对值的变化,以及是否出现异形淋巴细胞等,也可确诊白血病。

【防治措施】

治疗 呈现临床症状的白血病病牛,药物治疗效果不大。初期病牛,尤其有一定经济价值的牛,可试用抗肿瘤药,如氮芥 30～40 毫升,1 次静脉注射,连用 3～4 天,可缓解症状。盐酸阿糖胞苷 1 000 毫克,用 5% 葡萄糖盐水稀释成注射液,1 次静脉注射,每周 1 次,连用 4 次为一疗程,似对肿瘤生长有抑制作用。

预防 坚持对全场牛群定期进行血清学诊断,检出阳性牛。对有临床症状的病牛,立即淘汰处理。仅阳性反应无临床症状牛应隔离饲养,继续观察。对进口牛或外地引进牛,应做白血病检疫,凡阳性反应牛,一律不准进场。

要加强消毒工作,保持场内整洁卫生,做好灭虻、灭蚊工作,杜绝传播发病。

牛传染性角膜结膜炎

牛传染性角膜结膜炎又称摩拉氏菌病,俗称红眼病。它是由摩拉氏菌等多种病原引起的牛的一种急性接触性传染病。临床上以病牛羞明、流泪、结膜和角膜发炎并发展为不同程度的角膜混浊和溃疡等为特征。

【病原】 本病是由多种病原造成的,包括牛摩拉氏菌、立克次氏体、支原体、衣原体和某些病毒等,其中以牛摩拉氏菌为主要病原菌。其大小约为 2 微米×1 微米,为革兰氏阴性短杆菌,有荚膜,无鞭毛,无芽孢。

本病原菌对理化学因素和常用消毒药都较敏感,在 59℃下 5 分钟即能被杀死。

【诊断要点】

流行病学 病牛和康复带菌牛为主要传染源。病牛的眼、鼻分泌物可向外排菌,污染饲料、饮水、用具、土壤和空气等外界环境。

传播途径是通过与病牛接触,特别是牛的头部相互摩擦或采食了污染的饲料,接触污染土壤,吸入污染空气等而感染发病。家蝇、厩蝇等蝇类和飞蛾可成为传播本病病菌的媒介。

各种年龄的牛都有易感性,但以犊牛易感性较高,发病率高达 60%～90%,但死亡率不高。

本病多发生于天气炎热、日光强烈、干燥、刮风、尘埃飞扬以及湿度较大的春秋季节,传播迅速,多呈地方性流行或广泛流行发病。

临床症状 潜伏期为 3～7 天。发病初期多为单侧眼发病,随之发展为两侧眼发病,但也有一开始就是两眼感染的。病牛眼睑痉挛,羞明畏光,大量流泪,眼睑肿胀、疼痛。其后角膜凸起,角膜周围血管充血,结膜和瞬膜充血、肿胀,随着角膜血管扩张和角膜混浊程度的增加,或呈白色或呈红色,即所谓红眼病。角膜溃疡形成角膜瘢痕和角膜翳。有时继发虹膜睫状体炎。眼前房蓄脓,甚至全眼球炎或重剧结膜角膜炎,并因眼内压增高,使角膜突起呈尖圆形,致使角膜溃疡形成穿孔,虹膜脱出。

病牛全身症状多不明显,只有当眼球化脓时,才伴发精神委靡不振,食欲减退,泌乳量下降和体温升高。多数病牛可自然痊愈,角膜可遗留白斑,造成失明。

病理变化 急性病牛眼结膜重剧充血、水肿,慢性病牛眼结膜增生、水肿。

实验室检验 本病的病性确诊,需进行病原菌分离鉴定,或者取病牛的病料,进行荧光染色观察。

【**防治措施**】

治疗 病牛应立即隔离在黑暗而安静的牛舍内,由专人护理,并饲喂富有营养的饲草料和清洁的饮水。药物治疗可先用 2%～4% 硼酸水冲洗眼睛,再涂氯霉素眼药膏或用青霉素眼药水滴眼。如有角膜混浊或角膜翳时,可涂 1% 黄氧化汞眼药膏或 0.5% 醋酸可的松眼药膏,若配合抗生素滴眼液,则疗效更好。

预防 ①牛场要经常清除厩肥,夏季注意灭蝇,控制以蝇类为媒介传播本病病原菌。同时也要避免牛群长时间受日光紫外线直接照射。②接种用牛摩拉氏菌制备的菌苗,使牛群机体产生一定的免疫保护力,起到预防本病的作用。

炭 疽

炭疽是由炭疽芽孢杆菌引起的人畜共患的急性热性败血性传染病。临床上呈现高热,黏膜发绀和天然孔出血,间或于体表出现局灶性炎性肿胀(炭疽痈)等。剖检所见:以脾脏显著肿大、皮下和浆膜下结缔组织出血性胶样浸润、血液凝固不良为特征。

【病原】 炭疽杆菌是一种革兰氏染色阳性粗大杆菌,长5～10微米,宽1～2微米,无鞭毛,不运动,菌体两端平齐,呈短链状,两菌体相连呈竹节样排列。在培养基中呈长链状。暴露在适宜温度下可形成芽孢。

本病病菌对理化学因素的抵抗力不强,加热60℃30分钟和用一般消毒药,均可将其杀死;但形成芽孢后,其抵抗力变得很强,在皮革或污染土壤中可存活数十年,在粪便中可存活1年以上。应用6.8千克高压蒸汽消毒25分钟才能全部杀死。常用的消毒药,如5%石炭酸液、5%漂白粉液、3%过氧乙酸液等,可将其杀死。

病菌对磺胺类药物、青霉素、链霉素和四环素等敏感,能抑制其繁殖体生长和芽孢形成。

【诊断要点】

流行病学 在病牛的分泌物、排泄物,尤其是濒死期由天然孔流出的血液,以及各组织器官中,含有大量的炭疽杆菌,污染土壤、水源和奶牛场后,便成为疫源地。

夏季气温高、雨量多、洪水泛滥过的河流及低湿地区,给炭疽杆菌创造了有利于繁殖的条件,常易暴发本病。

当炭疽痈破溃后,病菌也可随炎性产物排菌到所处环境中,构成本病的感染源。

传播途径主要是消化道,也可经受伤的黏膜和皮肤、带菌吸血昆虫的叮咬或由呼吸道吸入含炭疽芽孢杆菌的灰尘等途径而感染发病。

本病呈地方性流行或散发,且夏季多发。

临床症状 本病潜伏期为1～3天,长的可达14天。

①最急性型 多见于流行初期。发病突然,病牛行如醉酒,摇晃间倒地。体温升高,呼吸促迫,心跳加快,可视黏膜发

绀。不时哞叫。口鼻流出血样泡沫,肛门和阴门也流出血液,常于数小时内死亡。

②急性型 发病急速,结膜发绀,间或有小出血点。体温 41℃～42℃,心搏动亢进,心跳达 80～100 次/分钟。呼吸困难,食欲大减或废绝,反刍停止,瘤胃臌气。奶牛产奶量降低或停止,妊娠母牛多流产。有的病牛初期兴奋,惊慌,哞叫,攀登饲槽或冲撞他物,后期转为高度沉郁,步态不稳,体温低于常温而休克死亡。

③亚急性型 常在颈下、胸前、腰及外阴、乳房等皮肤松软处,发生炭疽痈。初硬固,有热痛,逐渐变冷,痛感消失,最后中央部位坏死或形成溃疡。出现直肠肠壁痈,则肛门浮肿,有时脱肛,排粪困难,粪中带血。有的舌、咽喉发炎、肿胀,呼吸极度困难。口鼻也流出血液。一般病牛可在 36 小时内或延长 3～5 天休克死亡。偶见顿挫型炭疽病牛,病期可延缓 2～3 个月,呈渐进性消瘦。

病理变化 尸僵不全,迅速腐败,腹部膨胀,天然孔流出血红色泡沫样液体,血液凝固不良,呈煤焦油样。皮下、肌肉及浆膜下有红色或黄色胶样浸润。脾脏急性肿大达 3～4 倍,脾髓暗红色,质地软如泥,甚至呈糊状。全身淋巴结肿大、出血;脑充血、水肿;肾脏和心脏等实质器官变性;胃肠道出血性坏死。

实验室检验 从耳尖采血涂片染色镜检,可见有荚膜的单个、成双或短链呈竹节状排列的大杆菌,即可确诊。也可应用阿斯科利氏试验(即环状沉淀试验),如为阳性,即可确诊。

【鉴别诊断】 本病应与气肿疽、梨形虫病(旧称为焦虫病、血孢子虫病)等,加以鉴别。

(1)气肿疽(又称黑腿病) 本病是由肖氏梭菌引起的牛

急性热性败血性传染病。其特征是在肌肉丰满的部位发生炎性气性水肿,按压患部有捻发音。一般为散发。进行细菌学检查,可确诊。

(2)梨形虫病 由巴贝斯属和泰勒属原虫寄生于牛红细胞及淋巴细胞内引起的寄生虫病。发病季节性强,多呈地方性流行。临床上多以高热、消瘦、出血性贫血等为主征。血液涂片染色镜检,可发现血孢子虫。应用抗血孢子虫药物治疗,可获良效。

【防治措施】

治疗 发现病牛尽快地隔离治疗,应用青霉素 250 万～400 万单位,肌内注射,每日 3～4 次,连用 3 日;也可用四环素治疗。配合使用抗炭疽血清 100～200 毫升,静脉注射,效果更好。也可应用磺胺嘧啶钠注射液治疗。

对皮肤炭疽痈,在其周围分点注射抗生素类药物,并在局部热敷,或用石炭酸棉纱布包扎。

预防 已确诊为炭疽病牛的牛场,应即实行隔离封锁。病死牛尸体严禁剖检,应立即焚毁或深埋,更严禁食用。对污染的场地要用杀菌消毒药液彻底消毒,焚毁污染的垫草、饲料及其他杂物等。在最后 1 头病牛死亡或治愈后 15 天,再未发现新病牛时,经彻底消毒杀菌后,才可以解除封锁。非疫区(即安全区),应加强牛群检疫工作,严防引进外来病牛。每年春、秋两季必须定期给牛只接种 1 次炭疽芽孢苗。

布鲁氏菌病

布鲁氏菌病又称传染性流产。本病是由布鲁氏菌引起的人畜共患的一种慢性传染病。病原菌侵害生殖系统,引发子宫、胎膜、关节、睾丸等炎症,临床上以母牛流产和不孕、公牛睾丸炎和不育以及关节炎等为特征。

【病原】 引起牛流产的布鲁氏菌为革兰氏阴性小球杆菌,菌体大小为 0.5～0.7 微米×0.5～1.5 微米,无鞭毛,不运动,不形成芽孢。本病原菌具有较强的侵袭力和扩散力,通过皮肤和黏膜侵入牛机体后,可分布到各个组织中。对外界环境的抵抗力也较强,在肉、乳类食品中可存活 2 个月,在土壤中存活20～120 天,在流水中可存活 21 天,在牛粪中可存活120 天。对热敏感,在湿热 60℃条件下,15～30 分钟即可被杀死。常用的消毒药,如 1％～3％石炭酸液、0.1％升汞液、50％石灰水,以及紫外线照射等,都能很快致死。

本病原菌对四环素最敏感,对链霉素、土霉素等抗生素也敏感。

【诊断要点】

流行病学 其易感性随着牛的性器官成熟而增强,犊牛有一定抵抗力。病牛和带菌牛是本病的主要传染源。病母牛流产胎儿、胎衣、羊水及病牛乳汁、阴道分泌物、粪便,以及病公牛精液中含有大量病原菌,污染环境,成为疫源地。

传播途径主要是消化道,其次是生殖系统、呼吸道、皮肤和黏膜等。当牛采食了被病牛污染的饲料、饮水、乳汁,接触了污染的环境、土壤、用具、粪便、分泌物,以及屠宰过程中对废弃物、血水、皮肉等处理不当等,均可造成感染。

由公牛与病母牛或病公牛与母牛配种,或在人工助产、输精过程中消毒不严,以及人工输精使生殖道损伤而造成的感染发病尤为常见。

发病无季节性。但当牛群拥挤在狭窄的牛舍中,阳光照射不足,通风不畅,寒冷潮湿,卫生条件差,营养不良时,牛机体抵抗力降低,可以构成本病的诱因。

临床症状 潜伏期为 14 天至 6 个月不等。临床症状不明显,多取隐性经过。最主要的症状是妊娠母牛流产,且多发生在怀孕后 5~8 个月,以产下死胎为主,有时也产下弱犊。病母牛在流产后常有胎衣不下和慢性化脓性子宫内膜炎。

病牛有时发生关节炎和滑液囊炎,尤以膝滑液囊炎较为常见。关节肿痛,跛行,长期卧地。

病公牛发生睾丸炎和附睾丸炎。睾丸肿大、化脓,触压疼痛,局部淋巴结肿大,阴茎潮红,间或伴发小结节。精子生成障碍,配种性能明显降低。

病理变化 胎盘呈淡黄色胶样浸润,有出血点,表面覆有絮状物和脓液。绒毛膜充血、肥厚,有黄绿色渗出物。

流产胎儿皮下、结缔组织发生浆液性浸润,胎儿胃内有黄白色黏液块和絮状物。胸腔有多量微红色积液。淋巴结、肝和脾有程度不同的肿胀、坏死。

乳房发生实质性或兼间质性乳腺炎,继发乳腺萎缩和硬化。

病公牛精囊中常有出血及坏死病灶。睾丸、附睾丸坏死和形成脓肿。

慢性经过的病牛,出现关节炎和滑液囊炎。

实验室检验

①细菌学诊断 宜用于流产病牛,采取流产胎儿真胃和盲肠内容物、胎盘、乳汁、淋巴结、脾、肝等病料,进行细菌分离、鉴定。如发现红色的小球杆菌,即可确诊。

②全乳环状试验 宜用于泌乳病母牛。当用蓝色抗原时,若在乳柱层(最上层)出现比乳柱深的蓝色环状带,即判为阳性。

③血清凝集试验　　适用于所有病牛群。以虎红平板凝集试验最为简单、实用。若出现凝集现象，判为阳性；不凝集的，判为阴性。必要时，还可做试管凝集反应。

【鉴别诊断】　本病应与弯杆菌病、钩端螺旋体病，加以鉴别。

(1)弯杆菌病(又称弧菌病)　　本病是弯杆菌属细菌引起的一种生殖道传染病。临床上以奶牛暂时性不孕、胎儿早期死亡和妊娠母牛流产以及发情不规则等为特征。在母牛又称为母牛的弯杆菌性流产。当母牛流产后，采取胎盘绒毛叶涂片染色镜检，若发现大量的螺旋状弯杆菌，可以确诊。

(2)钩端螺旋体病　　本病是由致病性钩端螺旋体引起的人畜共患和自然疫源性传染病。临床表现为短期发热，黄疸，血尿，出血性素质，流产，皮肤和黏膜坏死、水肿等。多数为隐性感染，只有少数牛发病。确诊本病需做实验室检验，包括细菌学检查，血、尿检验等。镜检可见到纤细的、呈螺旋状的、两端弯曲如钩的病原体。

【防治措施】

治疗　　病公牛无治疗价值，应予淘汰。对母牛子宫内膜炎的治疗，在剥脱停滞的胎衣后，可用温生理盐水反复冲洗子宫，直到流出清朗的冲洗液为止。随后试用链霉素治疗，剂量为 20 毫克/千克体重。盐酸土霉素，剂量为 10 毫克/千克体重，或四环素 10 毫克/千克体重。肌内注射，连用 2 周以上。

预防　　引进奶牛时，一定要隔离观察 30 天以上，并用凝集试验等方法，进行 2 次检疫。对阳性牛从速隔离，淘汰处理。对临床流产的病牛，应隔离饲养，取流产胎儿真胃内容物做细菌分离、鉴定，阳性牛也必须处理。对流产胎儿、胎衣及其污染的环境、饲料、饮水、用具及病牛分泌物、排泄物、毛皮、乳汁及其制品等,必须进行全面消毒杀菌。

对病牛所生的犊牛,应立即与母牛分开,饲喂 3～5 天初乳,转入中间站饲喂,在 5～9 个月内,进行 2 次凝集反应检验,凡阴性反应的,可进行布鲁氏菌 19 号苗、猪 2 号或羊 5 号苗接种后,再归入健康牛群。

牛 结 核 病

结核病是由结核分枝杆菌引起的人畜共患传染病,也是牛群中最常见的一种慢性传染病。在临床上以病牛贫血、消瘦、体虚乏力、精神委靡不振和生产力下降等为特征。在牛的多种组织器官上形成结核结节和干酪样钙化病灶。

【病原】 结核病病原菌为结核分枝杆菌,分为 3 型,即人型、牛型和禽型。其中以牛型对奶牛群致病力最强。牛型分枝杆菌长 1～4 微米,宽 0.3～0.6 微米,单个或呈链状排列,为革兰氏阳性杆菌,具有抗酸染色特性。对外界环境的抵抗力很强,抗干燥,在干涸的分泌物中可存活 6～8 个月,在粪便中可存活数个月,在污水中也能存活 11～15 个月。不耐热,60℃ 20～30 分钟即被杀死。10％漂白粉溶液和 70％～90％酒精溶液消毒效果较好。本病菌对链霉素、异烟肼、对氨水杨酸钠、环丝氨酸和利福平等药物,具有不同程度的敏感性。对青霉素、磺胺类药物以及其他广谱抗生素都不敏感。

【诊断要点】

流行病学 奶牛最易感。开放型病牛是主要的传染源。病牛的病原菌随唾液、气管分泌物、粪便、尿液、阴道分泌物、精液、乳汁等污染空气、水源、饲草料、牛奶及其制品、饲槽、用具和土壤等。

传播途径主要有呼吸道和消化道两种。前者是指病牛咳嗽、打喷嚏时，将分泌物散布于空气中成为飞沫，或病牛排泄物干燥后，使病原菌附着于尘埃上，飞扬到空中，造成带菌尘埃，主要传染犊牛；后者是指采食被污染的饲草料和饮水等而感染成年牛群。此外，通过与病牛接触或交配，而使生殖器官感染发病。

不良的环境，管理不当，日粮中营养不足，缺乏矿物质和维生素，厩舍阴冷潮湿，牛群密集拥挤，光照不足，不运动以及卫生条件差，不消毒，不坚持定期检疫等，均可构成牛群发生本病的诱因，甚至呈地方性流行。

临床症状　本病多取慢性过程。其潜伏期一般为10～45天，有的长达数月乃至数年。

①**肺结核**　病初食欲、反刍无大异常。只是清晨吸入冷空气或含尘埃的空气时易发咳嗽，先为短干咳，后为带痛顽固性干咳。鼻液呈黏性、脓性，灰黄色，呼出气有腐臭味。呼吸出现困难，呈伸颈仰头状，呼吸声似"拉风箱"。听诊肺区有干性或湿性啰音，叩诊肺区有半浊音或轻浊音。病牛明显消瘦，贫血，易疲劳。当发展成弥漫性肺结核病时，体温升高达40℃，呈弛张热或间歇热。体表淋巴结肿大。当纵隔淋巴结肿大压迫食道时，可见慢性瘤胃臌气。

②**肠结核**　见于犊头。呈现前胃弛缓症状，迅速消瘦，顽固性腹泻，粪便呈稀粥状，混有黏液或脓性分泌物。全身乏力，肋骨显露。直肠检查：腹膜粗糙不光滑，肠系膜淋巴结肿大。

③**淋巴结结核**　以其部位不同而症状各异。咽后淋巴结肿大时，压迫咽喉，呼吸音多粗厉、响亮；纵隔淋巴结肿大时，可产生瘤胃臌气症状；肩前和股后淋巴结肿大时，可引发前后肢跛行。

④乳房结核 乳房淋巴结肿大,可使病乳区发生局限性或弥散性硬结,无热痛,乳房表面凹凸不平。病乳区泌乳量显著减少,乳汁稀薄如水样,或停止泌乳。乳汁呈灰白色。

⑤脑及脑膜结核 病牛多呈现神经症状,如惊恐不安,肌肉震颤,站立不稳,步态蹒跚。头颈僵硬,眼肌麻痹,后期陷于昏迷状态,呼吸和心律失常。

病理变化 牛结核病病灶,见于肺、肺门淋巴结、纵隔淋巴结,其次为肠系膜淋巴结和头颈部淋巴结等,形成突起的结节,呈干酪样坏死或钙化,切开时有砂砾感。有的软化、溶解,形成空洞。当肺结核时,肺上具有多量粟粒大小的微透明的结节,逐步增大并由纤维蛋白包围,呈现粟粒性结核病病变。胸腔与腹腔浆膜表面出现粟粒至豌豆大小、半透明的灰白色坚硬结节,形如珍珠。肠结核发生于小肠或盲肠,于肠粘膜表面形成大小不等的结节或溃疡。溃疡周围呈堤状,底部坚硬并覆有干酪样物。

结核菌素反应 在牛颈部一侧中部剪毛,量皮厚后,皮内注射结核菌素 0.1 毫升,72 小时观察结果。当注射部位出现红肿、皮厚增加 4 毫米以上,判为阳性;皮厚增加 2～3.9 毫米,红肿不明显,判为可疑;皮厚增加在 2 毫米以下,判为阴性。凡检出的阳性牛,一律淘汰。对可疑牛,经 30～45 天后,再重复检疫。阴性反应者,判为阴性牛;阳性反应者,定为阳性牛。仍为可疑反应者,则也判为阳性牛,予以淘汰。

【防治措施】

治疗 当前对阳性结核病病牛不能根治,加上费用开支大等原因,通常各奶牛场均不实施药物治疗,应尽早淘汰。

预防 ①凡确诊为结核病阳性牛,应予淘汰。无病牛群要定期检疫,确保净化牛群。引进新牛时,要严格检疫,杜绝病牛混群。②无症状的结核病阳性牛,选定新隔离牛场,集中饲养,严格管理。建立中途站,犊牛出生后用 2%～5%来苏儿溶液全身消毒,并立即与亲生母牛分开隔离。头 3～5 天可吃母牛初乳(人工挤奶喂),尔后调入中途站内,给犊牛喂经消毒的奶,用具也严格消毒。犊牛出生后 20～30 天做第 1 次结核检疫,于 100～120 天做第 2 次,160～180 天做第 3 次,3 次检疫均为阴性的,可放入健康牛群。

牛副结核病

牛副结核病又称牛副结核性肠炎、约翰氏病。由副结核分枝杆菌引起,临床上多呈隐性感染,是以持续性顽固性腹泻和渐进性消瘦、泌乳性能降低等为主征的慢性消化道传染病。

【病原】 本病病原菌为副结核分枝杆菌,属革兰氏阳性短粗杆菌。长 0.5～1.5 微米,宽 0.2～0.5 微米。不形成芽孢,无荚膜,无鞭毛。具有抗酸性染色特性,呈红色。在粪便或病料中成团或成丛排列。本菌分离培养生长缓慢。对外界不良环境的抵抗力比结核杆菌要强,在阴冷、潮湿条件下,可长期存活,如在粪土中可存活 11 个月,在污水中也能存活 9 个月。对热和常用消毒药液敏感,80℃时,1～5 分钟死亡,在 10%～20%漂白粉液中 20 分钟可被杀死,在 50%甲醛液和 0.2%升汞液中约需 10 分钟被杀死。

【诊断要点】

流行病学 本病以犊牛,尤其是 30 日龄的犊牛更易感。超过 5 岁的成年牛,则很少发展成为临床病牛,但可能终身带菌。

本病可见于一年四季,零星散发。病牛和带菌牛是主要传染源。易感犊牛采食被污染的饲草料、饮水、乳汁及其制品，经消化道感染发病。妊娠母牛可经子宫感染胎儿，母牛与病公牛交配也可感染发病。闷热、多雨潮湿、气候突变寒冷、厩舍拥挤、通风不畅、犊牛初乳摄取不足、营养不良、管理欠妥和某些疾病等，促使牛的抵抗力降低，可成为发生本病的重要诱因。

临床症状 潜伏期为数月至两年，时间长短不等。病牛排泄稀粪与正常粪便交替出现，后为持续性顽固性腹泻，常呈喷射状排出稀粪，有恶臭，混杂有污秽的气泡、黏液和血液。肛门失禁，体躯后部、两后肢、尾和乳房均被粪水污染。伴随腹泻出现短暂性热候和乳汁分泌性能降低，直至泌乳停止。随病情的发展，病牛精神委靡不振，食欲大减而渴欲增加，皮肤粗糙，被毛无光泽，眼窝下陷，可视黏膜淡染、贫血，下颚、垂肉和乳房等处浮肿。病牛极度消瘦，两肋塌陷。由于牛机体内脂肪消失而后躯仿佛被削尖，形成"狭尻"。

病理变化 病死牛尸体消瘦。病变多集中在空肠、回肠和结肠的前段，其中回肠病变较为明显。肠壁高度肥厚达3～30倍，并形成硬而弯曲的皱褶，状似大脑回样。肠黏膜充血，呈黄白色，上附有黏稠且混浊的黏液。肠浆膜和肠系膜显著水肿，其淋巴管呈索状肿。肠系膜淋巴结肿大、变软，切面湿润，有黄白色病灶，但不形成坏死、干酪化或钙化病灶。

实验室检验 粪便涂片检查，采用沉淀法或浮集法进行集菌。用沉渣制作涂片，进行抗酸性染色后镜检，如见有排列成团或成丛的抗酸性染色呈红色的小杆菌，可确诊为本病。

变态反应试验 将副结核菌素在牛颈部皮内注射0.1毫升，经过72小时后有显著红肿的，判为阳性牛；注射部位在反应前后的皮厚差≥4毫米的，判为阳性牛；皮厚差≥2毫米的，判为可疑牛。按口岸检疫标准，则皮厚差≥2毫米的也判为阳性牛。

【防治措施】

治疗　目前尚无有效的治疗药物。多应用异烟肼 20 毫克/千克体重,经口投服,每日 1 次;或利福平 10 毫克/千克体重,经口投服,每日 1 次。也可用链霉毒、氯苯酚嗪、丁胺卡那霉素等抗菌药物,但只能一时性地控制病情,减轻或消失症状,但仍然继续大量排菌,不能根治。

预防　①加强口岸检疫,严禁引进带菌病牛。②定期进行变态反应和血清学反应诊断。对临床病牛要立即扑杀。对阳性牛要集中隔离饲养。尤其对 6 个月龄以上的牛群,应采血液和粪便进行抗体和病菌检验,凡是阳性牛,应作淘汰处理。③牛场全面消毒。牛舍、围栏、饲槽、用具等,要用生石灰、苛性钠、漂白粉、石炭酸等消毒液进行喷雾、浸泡、冲洗。运动场地要犁翻或覆盖洁净新土。粪便应堆积进行高温发酵杀菌。

牛 肺 疫

牛肺疫又称牛传染性胸膜肺炎。是由丝状支原体引起的牛的急性或慢性高度接触性传染病。其特征是肺小叶间淋巴管浆液-渗出性纤维蛋白性炎、肺实质不同期的肝变和浆液纤维蛋白性胸膜炎。临床上表现体温升高、呼吸困难、贫血、消瘦和皮下浮肿等症状。

【病原】　本病病原菌为丝状支原体丝状亚种,是一种很细小而无胞壁的微生物。形态以球状颗粒为主,直径为 125～150 微米,分离菌体呈丝状,长度为 200 微米以上。本病菌生长缓慢。对外界环境抵抗力甚弱,50℃2 小时,60℃30 分钟以及在干燥和日光直射下,都能使病菌很快丧失活力。一般化学消毒药,如 0.1%升汞液、0.25%来苏儿液、50%漂白粉液及10%~20%氢氧化钠液,也都能迅速将其杀死。

【诊断要点】

流行病学 本病主要发生于黄牛、奶牛等反刍动物,其中6 个月龄小牛最易感,4 岁以上的牛发病较少。新疫区的牛多呈暴发性流行,且多取急性经过,死亡率高。

病牛及痊愈带菌牛为其主要传染源。病牛呼出气体或咳嗽喷出的飞沫中均含有大量病原体,经呼吸道将本病蔓延。还可经口感染,也有的可通过乳汁、尿液传播发病。健康牛与病牛直接接触,尤其是牛舍密集或大群集中饲养,传播尤为迅速。

临床症状 潜伏期为 2~8 周,最短 1 周,长的可达 3~4个月。

①急性型 表现为急性纤维蛋白性胸膜肺炎症状。病牛体温升高到 41℃以上,呈稽留热。食欲减退或废绝,呆立不动,胈部和肘肌震颤。呼吸浅表而快,呈腹式呼吸。有多量黏液性或脓性鼻液,咳嗽频而无力。按压胸廓有疼痛反应、退避等动作。听诊:心跳疾速(120 次/分钟)、微弱。肺泡呼吸音减弱,但可听到啰音、支气管呼吸音和胸膜摩擦音。叩诊:胸部有浊音区,当胸腔积蓄大量渗出液时,还呈水平浊音区。

随病势发展,病牛精神委靡不振,常发生慢性瘤胃臌气,以及便秘与腹泻交替的现象。被毛粗刚、无光泽,皮肤弹性降低,产乳量下降或停止。由于心脏衰弱而在喉部、胸前或四肢等处发生浮肿,尿少而黄。后期病牛头颈伸直,鼻翼开张,前肢外展,呼吸更加困难,从鼻孔流出白沫。通常在出现急性症状后,病牛极度虚弱,伏卧地上不能站起,体温低于常温以下,多于 1 周内窒息死亡。

②慢性型　其特征是病牛明显消瘦,偶发间断性干性短咳。食欲不振,消化机能紊乱。个别病牛叩诊胸部有浊音区,按压敏感。有的病牛日渐衰弱,在颈下、胸前、腹部和四肢发生浮肿。给予良好的护理和饲养,可使病牛趋向于好转。

病理变化　主要病变是小叶性肺炎及广泛性纤维蛋白性胸膜肺炎,多发生于心叶和膈叶。肺切面由各种色彩的肝样变和扩大的间质构成大理石样花纹。

【**鉴别诊断**】　本病应与肺炎型巴氏杆菌病、牛结核病加以鉴别。

肺炎型巴氏杆菌病　本病是由多杀性巴氏杆菌和溶血性巴氏杆菌引起的牛的传染病,又称出血性败血症。临床上分为3型:败血型、水肿型和肺炎型。肺炎型最为常见,以纤维蛋白性胸膜肺炎症状为主,但本病经过迅速,病期为3～5天。剖检所见:全身败血症病变明显。用心血和肝、脾触片染色镜检,可发现致病病原菌——巴氏杆菌。

牛结核病　见本章牛结核病。

【**防治措施**】

治疗　对疑似病牛应尽早做出病性确诊。病牛应隔离并加强护理与治疗。①新胂凡纳明(914),剂量为1克/100千克体重,灭菌水100～150毫升,配成注射液,静脉注射,隔5～7日后重复1次,连用2～3次。还可用抗生素如土霉素3～4克或链霉素3～6克,分别肌内注射,每日2次,连用3～7日为一疗程。②针对病牛病情,可行强心、补液、保肝和健胃等辅助治疗。

预防　①非疫区(安全区)不从疫区进牛。必须引进时,需预先对引进的牛做两次检疫,凡阴性反应牛,于接种疫苗4个月后起运,到达后隔离观察3个月,确证无病时,方可与原牛群接触。原牛群也应事先接种疫苗。②疫区牛禁止流动。对疫区和受威胁区的牛，每年接种 1 次牛肺疫兔化弱毒疫苗。连续 3 年无本病发生时，可停止疫苗接种。③奶牛场内凡发现本病病牛即应淘汰。并严格实行封锁，限制牛只出场。全场应采取全面、彻底的大消毒措施。

疯 牛 病

疯牛病系牛海绵状脑病的俗称。它是致病病原尚不清楚的一种慢性致死性传染病。临床上以神经症状为特征。病牛呈现运动失调、感觉过敏、惊厥等。剖检可见脑灰质呈海绵状变性（即神经元突起内的小囊状空泡）和大脑组织淀粉样变性、空泡样变性等。

1985 年在英国首先发现本病，1986 年底对本病病性确诊。到目前为止，已知共有 12 个欧洲国家发生了疯牛病。

【病原】 目前，对本病的病原还不十分清楚。基于本病的临床症状、病理组织学变化等，与绵羊、山羊痒病有许多相似之处，故认为疯牛病的发生是因为采食了含绵羊痒病病毒的饲料添加剂、肉骨粉所致。其致病病因属朊病毒。因为痒病与疯牛病的朊病毒的同源性为 98%。该病毒虽能诱导脑组织产生类痒病的纤维蛋白，但不能刺激牛机体产生炎性反应和免疫反应。朊病毒极微小，对理化学因素抵抗力很强，常用的消毒药如醛类、酚类以及紫外线消毒均无效。对强氧化剂较敏感，在氢氧化钠溶液中 2 小时以上或在 136℃～138℃高温下 30 分钟，均可将该病毒杀死。其在病牛组织中的含量，以中枢神经系统最多，其次为脾脏和淋巴结等，肠管和唾液腺又次之，肌肉、血液、粪便和尿液中检查不出来。

【诊断要点】

流行病学 牛感染后 2～8 年才发病。最小的病牛为 22 个月龄,最大的病牛为 17 岁。发病年龄以 3～5 岁为主。牛群发病率虽低,但死亡率高(约 100%)。

自然发病多为散发,奶牛比肉牛易感,杂种牛比纯种牛易感。

传播途径主要是通过消化道感染,如牛摄取了被感染因子——朊病毒污染的饲料等。另外,在疫区可通过蜱等吸血昆虫传播感染发病。母牛偶尔可将病毒传给犊牛。本病的传播感染与牛采食了新工艺制作的牛羊肉骨粉,并用其作为牛羊蛋白添加剂有关。病牛在放牧过程中,污染湖泊、河水,都可能是本病的传播媒介。传染源还包括患痒病的绵羊、山羊、带毒牛等。

临床症状 潜伏期为 2～8 年不等。病初食欲、体温接近正常,但体质虚弱,体重减轻,产奶量下降。病牛常离群独居,不愿走动,不进产奶房,抗拒挤奶。随着中枢神经系统渐进性病变的加剧,呈现典型的神经症状。通常分别出现以下 3 类症状:

①意识异常 病牛性情改变,磨牙,惊厥,烦躁不安,神经质,似发疯样,故称其为疯牛病。

②姿势和运动异常 驻立不稳,姿势反常,如四肢伸展过度,共济失调,转圈,虚弱易倒,后肢麻痹等。

③感觉异常 对外界的声音和触摸反射机能敏感性增强,吼叫,蹴踢等。

病理变化 剖检尸体的病理变化不明显。重要病变局限于中枢神经系统。神经纤维网的神经元突起内有许多小囊状空泡,即海绵样变性,大脑组织呈现淀粉样变性、空泡样变性等。

实验室检验 脑组织切片镜检,观察到第 4 脑室尾部中央管起始处的孤束核和三叉神经脊束核,绝大多数本病病牛都能在这两个核区发现空泡样变性,以及神经纤维网呈现海绵样变性等。

【鉴别诊断】 本病应与狂犬病、伪狂犬病、李氏杆菌性脑炎等,加以鉴别。

(1)狂犬病 又称恐水病。是由狂犬病病毒引起的一种人畜共患传染病。其病毒存在于病牛的脑脊髓液和唾液中,通过咬伤、呼吸道、消化道、胎盘等途径感染。临床症状是病初精神沉郁,随后兴奋、狂暴、烦躁,攻击人并用头撞击障碍物,共济失调,角弓反张,最后转入麻痹,后肢瘫痪,昏迷而死亡。

(2)伪狂犬病 由伪狂犬病病毒引起,是以发热、奇痒及脑脊髓炎等为特征的高度致死性传染病。通常有与病猪接触史。其病毒经伤口、上呼吸道、消化道等途径感染,牛最易感。特征性症状为病牛机体上某处奇痒,极度狂暴,随后陷入麻痹而死亡。

(3)李氏杆菌性脑炎 是由李氏杆菌引起的一种人畜共患传染病。病菌通过消化道、呼吸道及损伤皮肤等途径感染。临床表现为病牛头颈一侧性麻痹,沿头的方向旋转或作圆圈运动。遇障碍物以头抵靠不动。有的呈角弓反张,继而昏迷侧卧,强行改变困难,直至死亡。

【防治措施】 ①强迫宰杀包括可疑病牛在内的所有病牛,将尸体一律销毁。对可疑病牛可取脑组织病料检验,尽快确诊后,从速处理。②禁止用反刍动物的肉、骨粉及其他组织加工制成的蛋白饲料添加剂喂牛。③加强口岸检疫工作。严禁从疯牛病发病国家或地区进口活牛(包括胚胎、冷冻精液)

及其制品和饲料等。④做好自我保护工作。对剖检或接触病牛人员，一旦发生外伤，必须用次氯酸钠溶液清洗创口，污染场所应用火碱消毒，用具等应经136℃高温灭菌30分钟。

皮肤真菌病

皮肤真菌病又称为脱毛症、匐行疹、钱癣。由皮肤癣菌（又称皮肤丝状菌）中的疣状毛（发）癣菌为主所引起。临床上以皮肤呈现圆形脱毛、渗出液和痂皮等病理变化为特征，且为取慢性经过的浅在性真菌性皮炎。本病传染快、蔓延广，尤其对犊牛、病态或营养不良的老龄牛，以及冬季密集舍饲的牛群，极易同时全牛群感染发病。由病牛也可传染给人，属人畜共患真菌病之一，在公共卫生学上应当予以重视。

【病原】 主要是由毛（发）癣菌属疣状毛（发）癣菌感染致病。偶见须毛（发）癣菌、红色毛（发）癣菌等也可致病。

【诊断要点】

流行病学 动物（也包括奶牛在内）是嗜动物性毛（发）癣菌的主要自然宿主。在牛的品种、性别之间虽无明显差异性，但犊牛比成年牛发病率高。

传播途径主要有直接接触和间接接触传染两种。病牛活动过程中污染的圈舍墙壁、栏杆、饲槽、床位等可构成传染源。当受到某些原因导致皮肤损伤后，更易遭受侵染发病。感染发病的诱因，见于牛群过于密集、混饲、营养不良以及牛个体免疫力降低等。

临床症状 病的潜伏期为1～4周。病牛食欲减退，逐渐消瘦和出现营养不良性贫血等。好发部位主要是眼的周围、头部，其次为颈部、胸背部、臀部、乳房、会阴等处，重型病牛可扩延至全身。病的初期,皮肤丘疹限于较小范围,逐渐地呈同心圆状向外扩散或相互融合成不整形病灶。周边的炎症症状明显,呈豌豆大小结节状隆起,其上被毛向不同方向竖立并脱落变稀,皮损增厚、隆起,被覆物呈灰色或灰褐色,有时呈鲜红色到暗红色的鳞屑和石棉样痂皮。当痂皮剥脱后,病灶显出湿润、血样糜烂面,并有直径1～5厘米不等的圆形到椭圆形秃毛斑(即钱癣)。在发病初期或接近于痊愈阶段,以及皮损累及真皮组织的病牛,可出现剧烈瘙痒症状,与其他物体摩蹭后伴发出血、糜烂等。病情恶化并继发感染时,可导致皮肤增厚、苔藓样硬化。俟病灶局部平坦,痂皮剥脱后,生长出新的被毛即可康复。凡患病而获痊愈的病牛,多数不再感染发病。

病理变化 真皮、表皮有慢性炎症,如充血、肿胀和淋巴细胞性浸润等。角质层上皮细胞增生,角化不全,表皮乳头状突起。在角质层和毛囊细胞间往往出现丝状菌丝成分。毛囊中可见到包围毛囊鞘的节孢子,毛囊鞘被破坏。表皮与真皮处形成小脓疱。感染的毛囊周围积聚着淋巴细胞、巨噬细胞和少数嗜中性白细胞等。

实验室检验

①直接镜检法 由病灶采取鳞屑、被毛和痂皮等病料,置于载玻片上,滴加10%～20%氢氧化钾液数滴,静置10～15分钟,或徐缓加热使其中角质溶解、软化、透明后镜检。病理组织检验的皮肤组织可用苏木素伊红染色或希夫氏过碘酸染色,同时再经过短暂的培养,则更易发现致病菌菌体成分——菌丝和节孢子等。疣状毛(发)癣菌感染被毛的病料,在镜检时可见到呈石垣状或镶嵌状排列的球形节孢子,并以毛内菌与毛外菌混合寄生。

②分离培养法 将采取的被毛、痂皮等病料,先用生理盐

水或 0.01％次亚氯酸钠液冲洗,再用灭菌吸纸吸干后,接种在萨布罗氏葡萄糖琼脂培养基、马铃薯葡萄糖琼脂培养基上进行培养。由于疣状毛(发)癣菌需要硫胺素,可添加 1％酵母浸出液。同时为了抑制杂菌干扰,还可添加氯霉素(每毫升培养液按 0.125 毫克比例添加)。培养温度为 37℃。防止在培养过程中干燥,可在培养基平面用尼龙袋密封好。疣状毛(发)癣菌生长发育缓慢,培养时间为 2～3 周,菌落表面多形成脑回状皱襞,初期呈现天鹅绒状或蜡样光泽,成熟时呈粉状或棉絮状,灰白色至淡黄色。除在菌丝中形成无数的节孢子和厚垣孢子外,并出现大量的小分生孢子,呈梨形或卵圆形,偶见大分生孢子,形似鼠尾,具有 4～6 室。

【防治措施】

局部疗法 先将病灶局部剪毛,清除鳞屑、痂皮等污物,然后涂擦 10％水杨酸酒精乳剂(水杨酸 10,石炭酸 1,甘油 25,酒精 100)、氯化锌软膏或 3％～5％噻苯达唑软膏、1％～3％克霉唑水、复方雷锁辛擦剂、复方十一烯酸锌软膏等制剂,每日 1～2 次,连用数日。若结合应用紫外线灯照射疗法,其疗效更满意。

全身疗法 ①维生素 AD 注射液(每毫升含维生素 A 15 000 单位、维生素 D 5 000 单位),5～10 毫升,1 次肌内注射,连用 2 日。②投服灰黄霉素,按 5～10 毫克/千克体重用药,每日 2 次,连用 7 日,疗效明显。

预防 ①加强健康牛群管理,保持牛舍环境、用具和牛的躯体卫生,给予足够的日光照射时间,在饲养上要饲喂全价日粮,尤其要注意维生素、微量元素等添加剂的补充,以增强奶牛体质。②被病牛污染的环境、用具等都要严格消毒。常用的消毒药有:2.5％～5％来苏儿液、5％硫化石灰液、1.5％硫酸铜液和甲醛溶液等。③本病能感染人,故接触病牛的工作人员都应带上手套,加强防护。工作完后应用碘伏、肥皂水等彻底清洗。

钩端螺旋体病

钩端螺旋体病又称韦乐氏病。它是由多种血清型的致病性钩端螺旋体引起的人畜共患和自然疫源性传染病。临床上以突然发热、出血素质性贫血、黄疸、血红蛋白尿、流产、皮肤和黏膜坏死、水肿等为特征。

【病原】 钩端螺旋体是一种纤细、细密而规则呈螺旋状结构的革兰氏阴性微生物,长6~20微米,宽0.1~0.3微米,两端或一端弯曲呈钩状,无鞭毛,能运动,常沿菌体中轴转动。用姬姆萨氏液染色后菌体呈淡紫红色,普通染料不易着色。

钩端螺旋体为需氧菌,对培养基成分要求并不苛刻。生长最适pH值为7.2~7.4,最适温度为28℃~30℃。钩端螺旋体对外界环境的抵抗力较弱,在过于干燥的环境中可迅速死亡;在水田、池塘、沼泽、江河和湖泊中或在严寒、冻水中能生存数月之久。对温热敏感,50℃ 10分钟或60℃~70℃ 1分钟,可被杀死。在直射阳光下,2小时死亡。对酸和强碱极为敏感。一般常用消毒药液以及各种抗生素,如青霉素、链霉素、四环素、金霉素和土霉素等都能将其杀死。

【诊断要点】
流行病学 几乎所有的温血动物都可感染钩端螺旋体,其中鼠类为最重要的贮存宿主。

病牛和各种带菌动物的尿液是主要的传染源。

传播途径主要通过皮肤、黏膜和消化道感染,也可通过公、母牛交配和人工授精感染。在菌血症期间,通过吸血昆虫蜱、虻和蝇类传播感染。病牛可随尿液排出大量病原体,污染饲草料、水源、土壤、厩舍、用具,成为传染源,甚至通过空气也能传播。

本病有明显的季节性,一般在温暖、潮湿、多雨和鼠类活动频繁的季节为流行高峰期,其他时期多为散发。

防疫制度不严,饲草料保管不当,运输和驱赶,厩舍拥挤,通风不畅,以及鼠类大量繁殖而未进行灭鼠工作等,都可构成本病发生的诱因。

临床症状 潜伏期3～9天。

①急性 体温突然升高达40.5℃～41.5℃,呈稽留热,精神委靡,食欲废绝,反刍停止。心跳加快,呼吸困难。可视黏膜淡染或黄染,有出血斑点。出现血红蛋白尿和溶血性贫血等。1～2个月龄的犊牛最易感,发病后3～7天死亡。

②亚急性 体温升高达39℃～40.5℃,食欲不振,反刍减少。乳房松软,乳汁呈红色至褐黄色,常混有凝乳块。血红蛋白尿,可视黏膜有程度不同的黄染。有时口腔黏膜、耳、腋下和生殖道黏膜坏死。妊娠母牛流产。

③慢性 症状较轻,呈间歇热。食欲减少,呼吸浅表,泌乳性能降低,乳房炎,流产,逐渐消瘦,并呈现黄疸和贫血症状。

病理变化 口腔黏膜溃疡,皮肤上有干裂坏死灶。皮下、浆膜和黏膜黄染。胸前、腹底水肿。肝肿大呈黄褐色或红褐色。肺气肿和肺水肿。肾肿大,表面可见灰白色病变和出血斑点,呈间质性肾炎。肠系膜淋巴结肿大,膀胱内积有深红色或红色尿液。胎盘水肿,胎儿皮下水肿,体腔内蓄积出血性液体。

实验室检验 可对致病性病原菌进行分离、鉴定,同时要进行血清学诊断,常用的方法有补体结合试验、凝集溶解试验和酶联免疫吸附试验等。

【鉴别诊断】 本病应与犊牛水中毒、牛巴贝斯虫病、恶性卡他热、肾盂肾炎等，加以鉴别。

(1)犊牛水中毒 多发生于犊牛。轻型病犊是一过性血红蛋白尿，经过3～4小时可自行恢复。重型的体温降低，黏膜发绀，出汗，心跳加快，脉细而弱，心音混浊；流泡沫状鼻液，呼吸困难，频排水样软便和暗红色至黑褐色血尿。

(2)牛巴贝斯虫病 病牛体温升高，呈稽留热。精神不振，食欲减退，脉细弱，呼吸促迫，贫血，黄疸。后期病牛极度虚弱，可视黏膜苍白，尿频，呈红色。轻型病牛，血红蛋白尿出现后3～4天，体温降低，尿色变淡，病情逐渐好转。采取血液涂片镜检，可见到典型虫体。用黄色素、贝尼尔等药物治疗有效，预防重点是消灭牛体上及牛舍内的蜱。

(3)恶性卡他热 病牛持续高热，流泪，结膜炎，角膜混浊、有溃疡，流脓性鼻液，体表淋巴结肿大。病牛呈现神经症状，有的初便秘，后下痢，排出的粪便中混有血液和纤维蛋白碎片。皮肤呈现丘疹、水疱、龟裂或坏死。最急性病牛1～2天死亡。

(4)肾盂肾炎 病牛体温升高，呈弛张热或间歇热。触诊肾区，疼痛敏感。直肠检查：肾脏肿大、敏感，排尿困难，尿液混浊，含有大量浅红色黏液。尿沉渣有多量脓细胞、肾上皮及肾盂上皮细胞。尿液直接涂片或细胞培养可发现致病性病原菌。

【防治措施】

治疗 ①双氢链霉素，剂量11～12毫克/千克体重，溶解于适量5%葡萄糖注射液中，肌内注射，每日2次，连用3～5日为一疗程。四环素、土霉素、金霉素，剂量按11毫克/千克体重，溶解于适量5%葡萄糖注射液中，肌内注射，每日2次，连用 3～6 日为一疗程。②输血疗法。犊牛剂量 80～110 毫升/千克体重,酌情进行几次。

预 防 ①整个牛场定期开展消灭自然疫源(包括带菌和排菌的野生动物和病牛,以及鼠类等)的工作。②被病菌污染的饲草料、用具和褥草以及粪尿等,应焚毁或堆积发酵。牛舍、运动场可用 20%火碱水或 10%～20%石灰乳喷洒消毒。③坚决禁止从疫区引进奶牛,必须引进时,应严格监测,严防购入带菌牛。对已发病牛,应立即隔离治疗。流产胎儿应焚毁或深埋处理。④健康牛群(包括 4～6 个月龄或以上的犊牛)定期预防接种钩端螺旋体病疫苗,第 1 年注射 2 次,第 2 年注射 1 次,以增强牛群的特异性抵抗能力。

第四章　消化系统疾病

食道梗塞

食道梗塞是食道管腔突然被食物或异物所阻塞，以吞咽障碍、流涎和瘤胃臌气等为主征的食道疾病。

【病因】　原发性食道梗塞是食道机能和器质处于正常状态下发生的食道梗塞；继发性食道梗塞是食道麻痹、狭窄和扩张时所引起的食道梗塞。

本病多因牛饥饿后贪食、采食过急或遭受惊吓或因采食加工调制不当的块根饲料，如胡萝卜、甜菜、甘薯、马铃薯等，或豆饼块未经浸软或饲料中混杂砖、石、玻璃片及金属异物等所致。

【诊断要点】

临床症状　食道梗塞分为颈部和胸部食道梗塞；依其阻塞物的体积、形状和阻塞程度，又分为完全和不完全食道梗塞。

颈部食道梗塞时，病牛流涎，兴奋不安，空嚼，呃逆，瘤胃臌气。在颈部食道处可触摸到梗塞物。颈直伸，头呈高抬姿势。

胸部食道梗塞时，病牛兴奋不安，张嘴，瘤胃臌气严重，呼吸困难明显。在梗塞部上方食道积满唾液，触之有波动感。胃导管探诊时，由于胃导管插入梗塞处受阻，可判知梗塞部位深浅。

食道不完全梗塞时，尚能部分咽下唾液和嗳气，瘤胃臌气及其他症状较轻;当食管完全梗塞时,饮水、采食后即从口腔逆呕出来,流涎,瘤胃膨气及呼吸困难严重。

【鉴别诊断】 继发性食道梗塞的原发性疾病应与食道狭窄和扩张、食道麻痹、瘤胃膨气加以鉴别。

食道狭窄和扩张 病牛饮、食欲接近正常,虽采食后有不安和呃逆症状,但将食物逆呕出去后可恢复安静。

食道麻痹 虽有咽下障碍,但无呃逆运动;食道内虽积满食物,但按压后食道无疼痛反应。

瘤胃膨气 见本章瘤胃膨气。

【防治措施】

治疗 伴发严重瘤胃膨气的病牛,要及时应用瘤胃套管针穿刺瘤胃放气。瘤胃套管针应留置在瘤胃中,直至梗塞异物除去为止。临床上常用的治疗方法有:

①口内掏取法 梗塞发生在食道上部,将病牛保定并装上开口器,助手在颈部将阻塞物固定,术者手伸入口腔,继而进入咽腔或更深处将其取出。若梗塞物在颈部食道,且呈坚硬圆滑状物时,可用5%奴佛卡因液注入咽部和食道,然后助手可沿两侧静脉沟处将梗塞物的后方向上挤压,将其挤压到咽部,再将手伸进咽腔取出。

②胃探子推送法 梗塞物发生在胸部食道,为润滑食道和消除食道痉挛,预先灌入植物油或石蜡油100~200毫升,5%奴佛卡因液20~50毫升,然后用胃探子插入食道内缓慢地将梗塞物送入瘤胃。

③气压法 将胃导管插入食道内,将露出口外的游离端接在气筒上,向食道内打气,利用气压将梗塞物推送到胃内。

④外科手术法 当金属异物、木屑、玻璃片等梗塞食道时,为防止损伤食道,不应强行拉取和推送,可采用食道切开

术取出异物。

预防　关键在于加强饲养管理,做到饲喂定时定量,勿使过度饥饿,防止采食过急,在采食过程中勿让其遭到惊吓等。加强饲草加工调制,块根类饲料应切碎、切小,豆饼类饲料应粉碎、泡软。饲喂时,先给青贮料、精料,后给块根类饲料。块根饲料要保管好,加固牛栏,以防牛偷食。畜舍、运动场内不应有金属异物和玻璃碎片,防止被牛误食。

迷走神经性消化不良

迷走神经性消化不良是由于支配前胃和网胃的迷走神经遭受损伤所致的一种反刍动物消化机能障碍综合征。临床上以前胃臌胀、厌食和排泄少量糊状粪便等为特征。

【病因】　支配前胃和网胃的迷走神经干遭受损伤或受挤压,是构成本病的病因。常见于牛创伤性网胃-腹膜炎,偶见于瘤胃炎、弥漫性腹膜炎、肝脓肿、皱胃变位等。此外,当瘤胃和网胃感染放线杆菌病、结核病或淋巴瘤病,引起淋巴结肿大以及膈疝时,也可引发迷走神经性消化不良的相似病征。

【诊断要点】

临床症状　根据迷走神经损伤部位、瘤胃和皱胃运动机能障碍和瘤胃臌气程度的不同,在临床表现上分为3型。

①瘤胃臌胀型　病牛长时间食欲减退或不食,消化机能紊乱,逐渐消瘦,瘤胃发生中度或重度泡沫性臌气,瘤胃收缩增快(3~6次/分钟),但蠕动力减弱,不能将食糜由瘤胃经网胃、瓣胃排入皱胃,多被滞留于瘤胃内。直肠检查发现瘤胃臌气以背囊明显,腹囊也增大。从后方观察,增大的瘤胃,左上、下腹和右下腹隆起,外形呈L形。粪量很少,常呈稀糊状。

②瘤胃弛缓型　多见于妊娠后期乃至产犊以后,表现厌食,腹部膨胀,瘤胃臌气可堵住骨盆入口。粪便量少,呈糊状。瘤胃收缩力减弱或消失,后期病牛极度衰弱、消瘦,卧地不起,陷于衰竭而死亡。

③幽门阻塞型　发生于妊娠后期,表现厌食或食欲废绝,排泄少量糊状稀粪。瘤胃蠕动停止,多发展为皱胃阻塞。如为未怀孕病牛,在直肠检查时,可摸到腹底部膨胀而坚实的皱胃。瘤胃弛缓型与幽门阻塞型常联合发生。若皱胃破裂,病牛必然死亡。

【鉴别诊断】　根据瘤胃臌气、厌食和排泄少量糊状粪便等特征性症状,可初步诊断。实行左侧剖腹探查和瘤胃切开手术等,有助于确诊和判断预后。

【防治措施】

治疗　通常多采用保守疗法,效果多不明显。但对高产而妊娠后期的病牛,可在临产前采用支持疗法,等分娩过后再行淘汰。

预防　由于本病药物治疗效果不明显,病程较长,预后不良,诊断又较困难,故加强预防措施是关键。本病主要是由创伤性网胃-腹膜炎、肝脓肿等引起,其预防措施可参照创伤性网胃-腹膜炎的预防。

前胃弛缓

前胃弛缓是前胃机能紊乱,兴奋性降低,收缩减弱或缺乏,导致临床上表现以食欲不定、反刍和嗳气紊乱、瘤胃蠕动减弱或异常等为主征的一种较常发生的前胃疾病。

【病因】

原发性前胃弛缓　主要是饲养不合理,如精料特别是蛋白质饲料饲喂过多,致使消化机能紊乱;日粮配合不平衡,如粗饲料不足而过多饲喂糟粕类——酒糟、糖糟、豆腐渣、啤酒糟等;粗劣饲料加工调制不当,长期饲喂单一的和难以消化的秸秆,如麦秸、稻草等。管理上不科学,如突然改变饲喂次数、舍饲突然变为放牧、密集饲养在不良环境中等,皆可诱发前胃弛缓类疾病。

继发性前胃弛缓　除常见于某些急性传染病、血液寄生虫病、营养代谢病和中毒性疾病外,也多在瘤胃食滞、瘤胃臌气、创伤性网胃炎和胃肠炎等疾病的经过中伴有前胃弛缓症状。

【诊断要点】

临床症状

①急性前胃弛缓　病牛精神沉郁,食欲减退,或仅对偏嗜草料采食少许,随之食欲废绝。反刍迟缓并消失,嗳气减少或停止。鼻镜干燥,磨牙,呻吟,口内不洁,有恶臭气味。瘤胃蠕动弱而次数减少,触诊硬度稍软或稍有硬感。肠蠕动音减弱,排泄物色暗变干,附有黏液。当胃肠炎时呈现腹泻,排泄棕褐色水样稀粪。体温升高。

②慢性前胃弛缓　食欲时好时坏,瘤胃蠕动时有时无,左肷窝凹陷,消瘦明显,全身乏力,被毛粗刚,喜卧,泌乳停止。体温、呼吸和脉搏多无大异常。

【防治措施】

治疗

①增强瘤胃收缩能力,促进瘤胃兴奋　10%氯化钠注射液 200～400 毫升、10%氯化钙注射液 100～150 毫升、20%安钠咖注射液 10～20 毫升,1 次静脉注射。选用硫酸新斯的明

注射液 4～20 毫克,或氨甲酰胆碱注射液 1～2 毫克,1 次皮下注射。

②洗胃疗法 应用 1%氯化钠液 7 000～10 000 毫升,灌入瘤胃,再用胃导管将其排出,反复多次冲洗。冲洗后,再用5%葡萄糖注射液 500～1 000 毫升、5%碳酸氢钠注射液500～600 毫升、20%安钠咖注射液 10～20 毫升,1 次静脉注射。

③经口投服制酵、轻泻、健胃制剂 制酵和轻泻可用硫酸镁 500 克、松节油 30～40 毫升、酒精 80～100 毫升或液体石蜡 1～2 升、苦味酊 20～40 毫升,加常水适量,1 次经口投服。龙胆粉 10 克、干姜粉 10 克、碳酸氢钠 50 克、番木鳖粉 4 克,混匀,加常水适量,经口投服,每日 1 次,连服 3～4 日为一疗程。

预防 加强饲养管理,日粮要平衡,精料喂量要适当,不偏饲和随意增加喂量。对粗劣饲料应加工调制,如铡短、磨碎、氨化后喂牛,并保证吃到足量干草。坚持规定的管理制度。饲料品种、饲喂方式不宜突然变换。加强饲料保管,防止牛偷吃。保持牛舍、运动场地及环境的清洁卫生,使牛有足够的运动和日光照射,提高牛群抗病能力。

瘤胃食滞

瘤胃食滞又称瘤胃积食或瘤胃扩张。是瘤胃充满大量草料,超过正常容积所致。在临床上是以瘤胃机械性阻塞、腹围增大、胃肌痉挛性疼痛等为主征的一种瘤胃疾病。

【病因】

(1)原发性瘤胃食滞 主要是过食草料造成。如饲喂粗劣和难以消化的麦秸、稻草、花生秧、甘薯秧、豆秸;饲料突然变更,如由适口性差的饲料改喂大量优质青草或多汁饲料;牛因饥饿而暴食精料,加上饮水不足,缺乏运动;牛栏不牢固,饲料库保管不严,被牛偷吃过量精料等而发病。

(2)**继发性瘤胃食滞** 在前胃弛缓、瓣胃阻塞、创伤性网胃炎、皱胃变位或阻塞等疾病过程中,常继发瘤胃食滞。

【诊断要点】

临床症状 病牛的临床症状多因饲草料种类和过食程度而异。病初饮食欲、反刍减少乃至废绝或停止,鼻镜干燥,背腰拱起,站立不安,起卧摇尾,后肢踢腹,磨牙呻吟。相继出现左下腹膨大、左肷部平坦。触诊瘤胃区似捏粉样,感觉坚实并易出压陷。听诊瘤胃蠕动减弱或停止,叩诊瘤胃区呈浊音,有时其上部呈鼓音。直肠检查发现瘤胃腹囊后移骨盆腔。呼吸促迫,心跳增速,体温正常或稍有升高。排便迟滞,粪便干少而色暗,有时排泄恶臭稀粪。后期病牛精神沉郁,运动无力,肌肉震颤,甚至卧地不起,呈现脱水、衰竭状态。

【鉴别诊断】 在临床上应对继发性瘤胃食滞的原发性疾病,如前胃弛缓、瓣胃阻塞、创伤性网胃炎、皱胃变位或阻塞等,加以鉴别。

【防治措施】

治疗 ①尽快消除瘤胃内积食,可用硫酸镁或硫酸钠500～600克、碳酸氢钠50～100克,再用常水配制成10%溶液,1次灌服;或用液体石蜡1 000～1 500毫升、鱼石脂20克,加常水适量,1次灌服。②促进瘤胃兴奋,可用10%氯化钠注射液300～400毫升、10%氯化钙注射液100～200毫升、20%安钠咖注射液10～20毫升,1次静脉注射。③补充体液,防止酸中毒。可用5%葡萄糖生理盐水2 500～3 000毫升、5%碳酸氢钠注射液 300～600 毫升，1 次静脉注射，酌情连用 2～3日。④瘤胃切开术。当通过上述药物治疗很难奏效时，应尽快采用手术疗法，取出大部分瘤胃内容物。有条件时，可灌服健康牛的瘤胃内容物适量，疗效理想。

预防　关键是建立合理的饲养管理制度。严格控制精料、糟粕类饲料的喂量，且不能随意增加；饲料尤其是粗劣难消化的麦秸、稻草、花生秧和甘薯秧等，应加工粉碎、铡短后喂；及时清除饲料中混杂的异物，严防被牛误食、偷吃。当牛患有前胃弛缓或其他疾病时，应及时合理地治疗，治愈后还要注意控制饲喂量，防止复发。

瘤胃臌气

瘤胃臌气是瘤胃、网胃内容物急剧发酵，产生大量气体，在临床上是以瘤胃过度臌胀为主征的瘤胃消化机能紊乱性前胃疾病的一种。瘤胃内的气体，有的只是气体积聚在固形物之间隙，有的由其中的泡沫化气体与液体以及固形物混合在一起。前者称为单纯性或非泡沫性瘤胃臌气，后者称为泡沫性瘤胃臌气。

【病因】

（1）**原发性瘤胃臌气**　因过食或采食大量易于发酵产气的饲草，如含水分过大的开花前的幼嫩豆科牧草，尤其是苜蓿、紫花苜蓿和三叶草等，加之瘤胃过度膨满压迫胃壁血管，使其吸收气体能力减退和嗳气生理反射机能受到抑制等。

（2）**继发性瘤胃臌气**　多半由于食道狭窄或梗塞，创伤性网胃-腹膜炎等致使迷走神经支（包括背支）损伤，影响瘤胃蠕动，反刍和嗳气反射机能，导致反复性瘤胃臌气。

（3）**泡沫性瘤胃臌气**　　主要是瘤胃内泡沫化气体形成的结果。这与采食了能提高瘤胃液表面张力以及增大黏稠度的植物性饲草料有着密切的关系。因为这些植物性饲草料中含有一定量的蛋白质、皂角苷、果胶和半纤维素等成分所致。

【诊断要点】

临床症状　　根据产生气体的过程、性质、速度以及程度上的不同，在临床症状上分为原发性和继发性，急性和慢性，轻型和重型以及单纯性非泡沫性和泡沫性瘤胃臌气等多种类型。现只就急性原发性瘤胃臌气的临床症状，简述如下：

通常在采食后 2～3 小时内突然发病，腹围膨大，左肷部臌起几乎与腰椎横突起平。伸颈吐舌，张口呼吸，呼吸加快达60～70 次/分钟，从口角流出大量唾液。同时，出现兴奋、腹痛、起卧、蹴腹等症状。食欲废绝，反刍和嗳气消失，眼结膜潮红或发绀或苍白。病初瘤胃蠕动增强，进而减弱乃至消失。听诊瘤胃时可听到气泡破裂音。心搏动亢进、增数（100～120次/分钟）。脉细弱而呈线脉，伴发缩期性杂音。大出汗，步态蹒跚，发病后 2～3 小时可陷入虚脱状态或窒息死亡。

【鉴别诊断】　　在临床上应注意与食道狭窄或梗塞、创伤性网胃-腹膜炎、迷走神经性消化不良等疾病加以鉴别（分别见本章相关疾病）。

【防治措施】

治疗　　关键是排出已产生的气体和制止瘤胃内容物继续发酵产气。

①**排出瘤胃气体**　　除对急性瘤胃臌气病牛立即用套管针穿刺瘤胃放气（宜缓慢放气）外，还可从口腔送入胃导管使气体通过胃导管排出，其疗效比较明显。若为泡沫性瘤胃臌气病牛，尤其是伴发高度呼吸困难时，宜果断地施行瘤胃切开术，

取出瘤胃内大部分内容物。如有条件,再移植健康牛的瘤胃内容物(3～5升),疗效更好。

②制止发酵产气 常用花生油,亚麻仁油,大豆油200毫升,做成2%乳剂,1次灌服,每日2次;或用松节油50～60毫升、鱼石脂20～30克、酒精100～150毫升,混合1次灌服;或用液体石蜡500～1 000毫升,1次灌服。对泡沫性瘤胃臌气病牛,可用消泡片(即二甲硅油和氢氧化铝合剂)40～50片,加常水适量灌服。对反复发生瘤胃臌气的病牛,宜用酒石酸锑钾4～6克与硫酸镁400～500克,加常水配成5%～8%溶液,1次经胃管投服。

预防 加强饲养管理是预防的关键。其具体措施有:①防止瘤胃内容物异常发酵产生气体,切忌过多饲喂豆科牧草(尤其是未开花的牧草)。若需喂上述牧草时,最好在收割稍干后喂,并要控制喂量。豆饼等也应限制喂量,并宜用开水浸泡后再喂,这样较为安全。②谷实类饲料不应粉碎过细,精料应按需要量供给,宜混加10%～15%的粗饲料,如切割的青干草、秸秆类。③加强饲料保管与加工调制,防止腐败、霉烂。严禁饲喂混入尖锐异物的草料,防止因创伤性网胃炎而引起继发性瘤胃臌气。

瘤胃酸中毒

瘤胃酸中毒是由于过多饲喂谷类或多糖类饲料后,导致瘤胃内发酵异常,产生大量的乳酸,在临床上是以瘤胃液pH值降低、渗透压升高和瘤胃内微生物区系的改变等为主征的一种瘤胃消化机能紊乱性疾病。

【病因】 主要是过饲大麦、玉米等富含碳水化合物的精料,以及各种块根饲料,如甜菜、萝卜、马铃薯及其副产品等,尤其是各类加工成粉状的饲料;或者由于饲料突然改变,如由饲喂牧草而突然改喂谷类或甜菜、马铃薯等,致使瘤胃内发酵过程变为纯粹的乳酸发酵过程,产生大量乳酸而发病。

【诊断要点】

临床症状

①**最急性型** 采食或偷吃大量的谷类精料后 12 小时,出现乳酸中毒症状,病势发展较为迅速。临床表现出腹痛症状,站立不安,后腿踢腹等。有的精神沉郁,呈昏睡状,食欲废绝,流出大量泡沫状涎水,步态蹒跚,站立困难,被迫横卧地上,并将头部弯曲在肩部,取乳热(产后瘫痪)病牛特有的姿势。眼结膜潮红、充血,视力极度减退,甚至失明,瞳孔散大。体温正常或稍降低至 36.5℃～38℃,呼吸数正常,脉搏加快达 120～140 次/分钟,脉细弱,尿减少乃至无尿。瘤胃蠕动停止,腹围膨胀,高度紧张。出现皮肤干燥、弹性减退等严重脱水症状。一般在发病后 12 小时死亡。

②**急性型** 在采食大量精料后 12～24 小时,发生中毒症状,表现饮、食欲大减乃至废绝,精神沉郁,呻吟,磨牙,肌肉震颤。奶牛泌乳量大减,步态跟跄,喜卧。有腹痛表现,个别的伴发蹄叶炎,出汗,排泄混杂血液的泡状稀便,尿液减少,脉搏增数达 90～100 次/分钟,呼吸减慢,可视黏膜发绀或潮红,腹围紧缩,腹壁中等程度紧张,伴发脱水症状。

③**亚急性-慢性型** 多数病牛不易早期发现。病牛一时性食欲减退,但饮欲增加,瘤胃蠕动减弱,泌乳性能降低,乳脂率也降至 0.8%～1.0%。体温 38.5℃～39℃,脉搏 72～84 次/分钟,腹壁稍显紧张,多被迫横卧地上。也有的伴发瘤胃臌气和瘤胃炎等。

实验室检验 血液浓稠,红细胞压积值高达 50%～60% 或以上,血液中乳酸、血糖等含量有所增多,血清钙含量减少,血液碱储降低。尿液 pH 值 5～6,尿液酮体反应阳性。瘤胃液 pH 值 4～6.5,瘤胃液中乳酸含量比正常值(10～30 毫克/100 毫升)升高 5 倍以上。

【鉴别诊断】 在临床上应与产后瘫痪(乳热)、酮病(分别见第五章和第七章相关疾病)以及瘤胃碱中毒等加以鉴别。

【防治措施】

治疗 为了纠正瘤胃酸中毒和机体脱水,应用 5‰碳酸氢钠注射液 600 毫升或葡萄糖生理盐水 3 000～4 000 毫升,分别静脉 1 次注射。宜在调整瘤胃液 pH 值以前,先将瘤胃内容物清洗排出,再投服碱性药物,如碳酸氢钠 100～150 克或氧化镁 250 克,以及碳酸钙 120 克等,每日 1 次。必要时间隔 1 天后,再投服 1 次。当重型病牛经上述治疗效果不太明显时,可进行瘤胃切开术,将其内容物取出大半后,有条件时可投入健康牛瘤胃液 3～5 升(即移植疗法),效果明显。为了促进乳酸的排泄并增强心肌收缩和全身肌肉张力,可用 10%葡萄糖酸钙注射液 500～600 毫升,1 次静脉注射。为了抑制瘤胃内发酵产生乳酸过程,可用盐酸土霉素 5～10 毫克/千克体重,溶于 5%氧化镁和盐酸普鲁卡因液,稀释为 5%注射液,1 次静脉注射。

预防 主要对策是有效控制精料与粗饲料的搭配比例,通常以精料占 40%～50%,粗料占 50%～60%为宜;坚持合理的饲养制度,不要突然改变饲料或变更饲养管理措施,即使变更也宜逐渐过渡,以使瘤胃内微生物区系有个适应过程。对谷类精料加工,压片或粉碎即可,颗粒不宜太小,大小要匀称,尽量防止成细粉料。

瘤胃角化不全症

瘤胃角化不全症,又称为瘤胃角化不全症-瘤胃炎-肝脓肿综合征。瘤胃角化不全症是瘤胃黏膜发生变性的一种病理变化。由于某些原因使瘤胃黏膜角化不全时,使残核鳞状角化上皮细胞过多地堆积,以致发生瘤胃黏膜乳头硬化、增厚等病变,对这种非典型角化层病态,称为瘤胃角化不全症。

【病因】

(1)精料过多粗料不足或缺乏　这是发病的重要原因之一。在由喂粗料过快地改为喂精料的饲喂过程中,或将日粮中精料与粗料的比例由 2∶1 改成 3∶1 以上时,易使瘤胃角化不全症-瘤胃炎的发病率升高。

(2)过饲以颗粒性或粉碎性饲料为主的日粮　使饲料丧失了对瘤胃的机械性刺激作用,失去了抑制瘤胃角化不全症发生的应有效果。

(3)瘤胃黏膜的刺激性损伤　这是由于饲料中混杂有金属性异物、粗硬植物性纤维等,造成瘤胃机械性刺伤,或因消毒药液、酒石酸锑钾等药物的化学性刺激,导致瘤胃黏膜损伤而发病。

【诊断要点】

临床症状　多取慢性经过。病初食欲不振,瘤胃蠕动减弱,偏嗜粗饲或异嗜,如舔舐自身或与他牛相互舔舐。当病情进一步发展,尤其是重型肝脓肿病牛,会出现食欲时好时坏,营养不良,进行性消瘦,虚弱,被毛粗刚、无光泽,可视黏膜淡染或黄染。泌乳性能降低,乳脂率也低。大多数病牛呈现顽固性消化不良症状,便秘或腹泻交替。肝区叩诊界扩大,肝脏触诊有痛性反应。有的牛呼吸困难,体温升高。当肝脓肿破溃,脓汁外漏,继发腹膜炎时,病牛腹壁触诊敏感,腹腔穿刺检验腹腔液混浊,放腐败臭气,并含有絮状物等。

实验室检验 血液中白细胞数增多,其中嗜中性白细胞占 60%～90%,核左移。红细胞压积值降低,血沉明显加快。尿液 pH 值降低。瘤胃液 pH 值降低,挥发性脂肪酸和乳酸含量增多。肝功能检查呈现血清转氨酶活性升高,而 α、β、γ 球蛋白含量增多。

病理变化 瘤胃黏膜乳头肥大、变硬、呈黑色皮革状,乳头成束,多发生于前背囊和前腹囊。肝脓肿病灶常发生于肝尖叶和膈叶,脓肿直径 2～5 厘米的占多数,脓肿病灶内充满黄白色黏稠状脓汁或呈脓水样。

【防治措施】

治疗 首要的是饲喂青、干牧草,并控制饲喂精料量。同时投服一定量的碳酸氢钠粉,最好移植健康牛瘤胃液 2～5 升,可望有些效果。后期即使用广谱抗菌药物治疗,也多无实际意义。

预防 改善饲养方法,限制精料的饲喂量,多喂粗料及青干草,如奶牛每 100 千克体重不应少于 1.5 千克粗料量。不要将饲草铡切过短,更不要将颗粒料粉碎过细。加强管理,注意牛舍、放牧草场以及运动场地的清洁卫生,从饲料中和牛群活动场地范围内清除一切可能损伤瘤胃黏膜的尖锐异物,尤其是金属性异物。

调整瘤胃液的 pH 值,可投服碳酸氢钠粉(以占精料饲喂量的 3%～7.5% 为宜),这对预防瘤胃炎、瘤胃角化不全症的发生有明显效果。为了增强牛群的机体抵抗力和肝组织的抗病能力,防止坏死杆菌等致病性细菌的侵染,可补饲适量的维生素 A 制剂。

创伤性网胃-腹膜炎

创伤性网胃-腹膜炎是由于草料中混入的各种尖锐异物被牛吞食进入瘤胃,继而到达网胃并刺伤网胃壁所引起的以网胃器质性变化为主的一种前胃疾病。临床上出现突然不食,泌乳性能降低,腹痛,局限性腹膜炎和瘤胃反复臌气等症状。

【病因】 主要是由于牛误食了各种尖锐性异物伤及网胃所致。造成异物被牛误食原因是饲料在贮备、保管和机械加工过程中混入了铁丝、钢丝等金属性尖锐异物以及缝针、发卡、注射针头、玻璃片、硬质木条、竹针等。

促使本病发生的因素尚有以下几点:①牛具有采食快、咀嚼不细等生理特性,加之牛口腔黏膜对吞食的异物辨别能力较差;②牛一旦将异物误食进入瘤胃后,很快便到达位于腹腔底部的网胃,又由于网胃黏膜呈多蜂窝状皱襞结构,极易留住异物;③日粮调配不平衡,其中矿物质、微量元素及维生素 A 和维生素 D 缺乏或不足,使牛出现异食癖;④牛滑倒、爬跨、分娩努责、腹压增大等因素,都能促使牛网胃内异物造成网胃壁穿刺性创伤的发生。

【诊断要点】

临床症状 单纯性网胃炎全身症状多不明显。病牛体温38℃~39℃,心跳 80~90 次/分钟,呼吸正常,个别牛发病初期体温可升高到 39℃~40℃。当异物一旦穿透网胃壁后,引发网胃炎并涉及一定范围时,则表现出前胃弛缓症状,食欲减退乃至废绝,反刍减少而异常,瘤胃蠕动减弱,便秘,粪干少而色黑,外面附着黏液或血丝。典型症状是病牛多站立,不愿移动躯体,强迫运动时步样迟滞,头颈伸展,肘头外展,肘肌震颤;当横卧、排粪时,苦闷不安,呻吟,磨牙;下坡及卧下时表现出小心翼翼。

随病情加重,病牛被毛粗刚、逆立、无光泽,腹部紧缩,瘤胃蠕动停止。如有反刍动作,病牛也低头伸颈,将食团逆呕至口腔的过程表现出痛苦状。消瘦,全身无力,泌乳停止。当异物退回网胃内时,症状似有减轻;当异物刺伤其他组织或器官时,病情和症状明显加重。

实验室检验 血液检查白细胞总数增多至 10 000~14 000个/立方毫米,其中嗜中性白细胞由正常的 30%~35% 增高至 50%~70%,核左移。检查腹腔积液,其中混有大量茶色液体,具腐臭气味。

【鉴别诊断】 在临床上应与慢性前胃弛缓、慢性瘤胃臌气以及迷走神经性消化不良等疾病,加以鉴别。

(1)慢性前胃弛缓与慢性瘤胃臌气 这两种疾病,特别是呈慢性经过且反复发作的病牛,可应用糖钙制剂与健胃、轻泻制剂,进行治疗性诊断,若治疗无效,可怀疑为本病。

(2)迷走神经性消化不良 见本章迷走神经性消化不良。

【防治措施】

治疗

①保守疗法 具体措施:首先使病牛驻立在前方较后方高出 15~20 厘米的斜面床位上,同时用药物治疗,如普鲁卡因青霉素 300 万单位、双氢链霉素 5 克,溶于注射用水中,1次肌内注射,每日 2~3 次,连用 3~5 日。或用葡萄糖生理盐水 1 000 毫升、25%葡萄糖注射液 500 毫升、10%磺胺嘧啶钠注射液 200 毫升,1 次静脉注射,每日 1~2 次,连用 3~5 日。其次是往胃内投放磁铁,即由铅、钴、镍合金制成的长 5.71~

6.27 厘米,宽 1.27～2.54 厘米的永久性磁棒,经口投入网胃,使异物尤其是金属性异物被吸附在磁棒上并将其固定或取出。

②手术疗法　在尽早确诊的基础上,尽快手术取出异物。常用的手术方法是瘤胃切开术,将手伸入网胃探摸异物并将其取出。

预防　加强饲草、饲料的加工、调制与保管,防止各种尖锐异物混入草料中。应用磁性棒、磁筛、磁性鼻环等吸出草料中的各种金属性异物;胃内投放永久性磁铁,以将金属性异物固定在胃内;日粮中注意供应全价饲料,防止牛群发生异嗜癖,以杜绝牛吞食各种异物的不良习惯。

瓣胃阻塞

瓣胃阻塞,中兽医称"百叶干"。本病是由于某些原因使前胃植物神经运动机能紊乱,瓣胃收缩蠕动能力变弱,食糜向皱胃排空困难甚至停滞的一种严重疾病。多以瓣胃内蓄积大量干涸、坚硬的内容物,瓣胃肌麻痹和胃小叶压迫性坏死等为主征。

【病因】　原发性病因是由于长期饲喂过于细碎的饲草料,如麸皮、糠麸或其中混杂大量泥沙的饲草;或饲喂坚韧而难以消化的粗纤维饲草,如苜蓿秆、豆秸,加上饮水严重不足等引起。

继发性病因多见于前胃弛缓、瘤胃食滞、瓣胃炎、创伤性网胃-腹膜炎、网胃与膈肌粘连、皱胃变位等。

【诊断要点】

临床症状 发病初期多数病牛精神、食欲不振,反刍减少,空嚼磨牙,鼻镜干燥,口腔潮红,眼结膜充血。严重病牛,饮食欲废绝,鼻镜龟裂,眼结膜发绀,眼凹陷,呻吟,四肢乏力,全身肌肉震颤,卧地不起,排粪逐渐减少且呈胶冻状、黏浆状,有恶臭,后变为顽固性便秘,粪干呈球状或扁硬块状,分层且外附白色黏液。听诊瓣胃蠕动音由弱而消失。触诊和叩诊瓣胃区有痛性反应,其浊音区扩大。病初体温、呼吸、脉搏接近正常,后期随病情加重体温升高,呼吸和脉搏加快。直肠检查见肛门和直肠紧缩、空虚,肠壁干涩。若治疗不及时,病牛多因严重脱水、衰竭而死亡。

病理变化 瓣胃坚实,内容物干燥似干泥样,甚至呈粉末样,胃小叶坏死呈片层状脱落,皱胃及肠也有不同程度的炎症。

【鉴别诊断】 临床上极易与肠便秘相混淆,故应予以鉴别。

肠便秘 除有剧烈腹痛症状外,直肠检查可在不同肠段秘结处,触摸到增粗、变大的患病肠管。

【防治措施】

治疗 ①投服盐类泻剂或油类泻剂,如硫酸镁 500～1 000 克,用常水配制成 8%溶液,1 次灌服;或用液体石蜡1 000毫升,1 次灌服。在药物泻下不明显或无疗效时,为了恢复瓣胃蠕动机能,可用 10%氯化钠注射液 500 毫升,10%安钠咖注射液 20 毫升,1 次静脉注射。②防止脱水,可用 5%葡萄糖生理盐水 1 500～2 000 毫升、5%碳酸氢钠注射液300～1 000毫升和 10%葡萄糖酸钙注射液 500～1 000 毫升,1 次静脉注射,每日 2 次。③瓣胃注入泻剂疗法:在病牛右侧第 10

肋骨末端上方3～4指宽处,用10厘米长的针头,经肋骨间隙处,略向后向下刺入瓣胃,用注射器抽取瓣胃内容物,必要时先注入少量生理盐水后再抽吸,如抽吸出混有食糜污染了的液体,证明已刺入瓣胃内。然后向瓣胃内注入25％硫酸镁液250～500毫升,或液体石蜡750～800毫升。必要时,还可考虑行瘤胃切开术或皱胃切开术,通过网瓣孔或皱瓣孔将胶管送入瓣胃,用大量生理盐水或常水反复冲洗,直至瓣胃内容物松软、阻塞疏通为止。

预防 加强护理,供给足够的饮水,喂饲多汁青绿饲草,防止发生前胃疾病。一旦发病,应及时正确地治疗。日粮配合保持营养平衡,饲草料中严防混入泥沙和异物。

皱胃阻塞

皱胃阻塞,又称皱胃积食。皱胃阻塞是由于皱胃内容物异常积滞、膨胀和皱胃弛缓而向十二指肠排空停止,导致以牛机体脱水、电解质平衡失调、代谢性碱中毒和进行性消瘦为主征的严重疾病。

【病因】 主要是饲养管理欠妥和饲料加工不当所致。具体病因可分为饲料性和机械性两种。前者如长期缺乏优质干草,大量饲喂麦秸、玉米秸、高粱秸等粗硬饲料,或对其铡切过短,甚至粉碎成草末,致使通过前胃速度过快,尚未消化或难以消化而于皱胃滞留;后者由于平时日粮中缺乏矿物质和微量元素,导致牛出现异嗜癖,吞食胎衣、麻袋、毛球、塑料袋、泥沙、木屑、褥草等各种异物,致使幽门阻塞。当哺乳犊牛饮食大量酪蛋白牛奶,形成凝乳块阻塞幽门的也时有发生。

【诊断要点】

临床症状 发病较慢,病牛呈现食欲减少甚至废绝,反刍停止,精神沉郁,眼窝下陷,被毛粗刚,鼻镜干裂,鼻孔附着黏性鼻漏。体温正常或降低,心跳加快达100次以上/分钟。排粪少而干硬,具有腐臭气味,也有的牛排泄黑水样稀粪。腹围增大,瘤胃蠕动减弱乃至停止。瘤胃区触诊,初期由于充盈干涸内容物,手感坚硬;后期因蓄有大量液体,拳击瘤胃可发出拍水音。深部触诊皱胃区,可诱发病牛疼痛、呻吟。严重病牛常伴发代谢性碱中毒、低钾血症和脱水等。往往由于皱胃炎或皱胃破裂,引发急性泛发性腹膜炎和突发性休克而死亡。

【鉴别诊断】 临床上应与瓣胃阻塞、创伤性网胃-腹膜炎、皱胃左方移位等疾病,加以鉴别(见本章相关疾病)。

【防治措施】

治疗 ①药物治疗:首先尽快应用5%葡萄糖生理盐水1 500~2 000毫升、25%葡萄糖注射液500~1 000毫升,1次静脉注射,每日2次。当纠正了代谢性碱中毒后,可应用稀盐酸30~50毫升或乳酸50~80毫升或稀醋酸100~150毫升,加水适量,1次股服。为了纠正低钾血症,可应用5%~10%葡萄糖注射液1 000毫升、10%氯化钾注射液50毫升,1次静脉注射。②手术治疗:切开部位在腹中线与右侧腹下静脉之间,从乳房基部起向前12~15厘米,与腹中线平行切开20厘米。切开皱胃后,清除其中阻塞物。必要时作瘤胃切开术,瘤胃切开后,用胶管通过网胃、瓣胃进入皱胃,直接用大量消毒液反复冲洗,排空皱胃;或将液体石蜡2 000毫升注入皱胃,以使其内容物软化并促其排空。

预防 科学饲养管理,保持日粮平衡,供给的营养一定要满足牛机体的需要量,包括矿物质、微量元素和维生素在内。

日粮要注意精粗比,粗料加工时不能粉碎过细,饲喂时要补充一些多汁饲料、青绿饲料。保证有足够的饮水,清除饲草料中混杂的各种异物,尤其在饲喂块根饲料,如甘薯、甜菜、胡萝卜时,应将泥沙冲洗净再喂。

皱胃左方移位

皱胃左方移位是指位于腹底壁正中线偏右侧的皱胃移位至左侧腹壁与瘤胃之间的一种皱胃变位性疾病。在临床上以慢性消化机能紊乱等为主征。本病多发生于4~5胎次的分娩前后的母牛。

【病因】 目前对病因认识有两种理论:一种理论认为,是由于皱胃弛缓和过度膨胀所致,与皱胃挥发性脂肪酸含量升高有关。当采食大量精料而粗料过少时,可使瘤胃容积变小,而过于膨大的妊娠子宫易将瘤胃从腹底壁抬起,使瘤胃腹囊下形成潜在性空隙,有利于张力降低而弛缓的皱胃逐渐移位至腹底壁正中线的左方,当皱胃积聚大量食糜和气体时,则进一步移向上左方,并渐渐地移位至瘤胃与左侧腹壁之间。另一种理论认为,是皱胃机械性转移所致,当母牛分娩过后,抬高和推移瘤胃的动力也骤然被解除,瘤胃重新恢复下沉,在这一刹那间,使游离的皱胃被压到瘤胃与左侧腹壁之间,同时也由于皱胃含有相当多的气体,很易进一步移动到左腹腔的上方。

当子宫内膜炎、乳房炎、母牛肥胖综合征和低钙血症等疾病时,多成为皱胃左方移位的诱因。

【诊断要点】

临床症状 病牛常出现间断性厌食,有的拒食精料,尚能采食少量青贮和干草。体重下降,精神沉郁,体温、呼吸和脉搏多接近正常。但泌乳性能下降,排粪少而硬,表面附有黏液,有的牛腹泻,粪便稀软呈糊状。因瘤胃被挤于内侧,故在左腹壁出现扁平状隆起。瘤胃蠕动减弱,蠕动次数减少乃至消失。病牛呈渐进性衰竭,喜卧而不愿走动,常取卧地姿势。自左侧髋关节至肘后连线下方,偶可听到皱胃内发出的叮玲音和滴水音。以叩诊与听诊结合的方法,在左侧中部倒数第2~3肋间处,可听到钢管音。

实验室检验 在左侧腹壁中 1/3 处,第 10~11 肋间,用 18 号针头穿刺皱胃抽吸皱胃液,呈黄褐色或带绿色,pH 值低于 5,多无纤毛虫。尿液酮体检查,95%呈阳性反应。

【鉴别诊断】 临床上应与酮病、创伤性网胃-腹膜炎、迷走神经性消化不良等疾病,加以鉴别(见第四章和第五章相关疾病)。

【防治措施】

治疗 对病牛应尽快矫正使变位的皱胃复位。

①非手术法 即翻滚法。将病牛四蹄捆缚住,腹部朝天,猛向右滚又突然停止,以期使皱胃自行复位。实施翻滚前两天应禁食并限制饮水,使瘤胃体积缩小。本法的优点是方便、简单、快速,缺点是疗效不确实,易复发。

②手术法 即切开腹壁,整复移位的皱胃。手术经路有站立式两侧腹壁切开法和侧卧保定腹中旁线手术切开法。手术法适用于病后的任何时期,由于将皱胃固定,疗效确实,是根治疗法。

预防 加强围产期母牛的饲养管理,严格控制干奶期母牛精饲料的饲喂量,保证足够的干草。例如,精料喂量每日3~4千克,青贮料每日 10~15 千克,优质干草可自由采食。每日有 1~1.5 小时的运动量,以增强牛的体质,防止母牛肥胖。对产后母牛,应加强监护,精料应逐渐增加,不能为了催奶而过多加料。对消化机能降低的病牛,除保证干草供给外,也应及时药物治疗,尽快使之康复。

胃 肠 炎

胃肠炎是指皱胃和肠道黏膜及其深层组织的炎性疾病。临床上以体温升高、腹痛、腹泻、脱水、酸中毒或碱中毒等为特征。病程发展急剧,死亡率较高。

【病因】

(1)原发性病因 常见于饲喂发霉、腐败的饲草料、豆渣、酒糟;冰冻的块根饲料,如甘薯、甜菜、胡萝卜等;久放或经雨水淋过的青草、青贮等。或因饲草质量低劣,混杂大量泥沙等异物,或因误食经农药或化学药品污染的精料或采食了有毒植物等。

(2)继发性病因 常发生于大肠杆菌病、沙门氏菌病、传染性病毒性腹泻、恶性卡他热等疫病经过中。当患有严重乳房炎、子宫内膜炎、创伤性网胃-腹膜炎和瘤胃酸中毒以及霉菌性胃肠炎时,也可继发胃肠炎。

营养不良,长途运输,风寒露宿,环境卫生不良,厩舍阴冷、潮湿,机体抗病力降低,成为本病发生的诱因。

【诊断要点】

(1)原发性胃肠炎临床症状 呈现剧烈而持续性腹泻,排泄水样粪汤,内混有黏液、假膜、血液或脓性物,具有腥臭味。食欲、反刍停止,饮欲大增。精神沉郁,腹痛,摇尾或踢腹,喜卧而不愿站立。体温升高达 40℃～41℃,皮温不均,耳根、角基部及四肢末端厥冷。严重病牛除上述症状外,腹泻重剧,排粪失禁或里急后重,肛门及尾根处常被粪水浸渍,并呈现明显脱水和酸中毒或碱中毒症状,精神委靡不振,眼球下陷,呼吸、心跳增数而微弱,四肢乏力,肌肉震颤,起立困难,体温下降,最后全身衰竭而死亡。

(2)**继发性胃肠炎临床症状** 先呈现原发病症状,病势发展也多依原发性各种疾病而定。

【鉴别诊断】 临床上应与大肠杆菌病、牛沙门氏菌病、传染性病毒性腹泻、霉菌性胃肠炎等疾病,加以鉴别。

(1)**大肠杆菌病** 本病也是危害新生犊牛为主的肠道传染病。临床表现多为腹泻,也有的出现败血症、肠毒血症等。多呈地区性发生,排泄粪便呈黄色水样或柠檬色,精神高度沉郁,虚脱,卧地不起,体温升高达 41℃以上,死亡率高。其致病原因多由于厩舍卫生环境不良,低温潮湿,气候突变和饲养管理不当等。

(2)**牛沙门氏菌病** 本病又称犊牛副伤寒,是 20～40 日龄犊牛的一种常见传染病。临床上表现为急性胃肠炎或败血症,粪便稀,含有血液、脓汁和假膜,体温升高达 41℃以上,呈稽留热型。成年牛感染后取慢性经过,表现以肺炎或关节炎为主。常散发或呈地区性流行。

(3)**传染性病毒性腹泻** 即牛病毒性腹泻-黏膜病。参阅牛病毒性腹泻-黏膜病。

(4)**霉菌性胃肠炎** 由霉败饲料中的霉菌毒素致病,临床上除一般胃肠炎症状外,由于毒素吸收侵害中枢神经系统,呈现痉挛和麻痹症状,如咽、舌、四肢和膀胱等不同程度的麻痹及神经性昏迷等。

【防治措施】

治疗 ①清除肠胃内容物。可用盐类泻剂配合应用防腐剂,如常用硫酸镁(钠)500～600克、鱼石脂15～20克、酒精80～100毫升,添加常水3 000～4 000毫升,1次灌服;或用液体石蜡1 000毫升、松节油20～30毫升,加常水适量,1次灌服。俟清除主要肠胃内容物后,病牛腹泻不止时,可投服0.1%高锰酸钾液2 000～3 000毫升,或用药用炭末100～200克,加常水适量,1次投服。②消炎并解除败血症。常用的抗菌消炎药物有:磺胺脒30～50克、碳酸氢钠40～60克,加常水适量,1次投服,每日2次,连用3～5日。或用氯霉素50毫克/千克体重,每日2次投服。或用呋喃唑酮(痢特灵),5～10毫克/千克体重·日,分2～3次投服。③扩充血容量并纠正酸中毒。常用5%葡萄糖生理盐水2 500～3 000毫升、5%碳酸氢钠注射液500毫升、20%安钠咖注射液10～20毫升,1次静脉注射,每日2次,连用2～3日。为了纠正病牛酸中毒,可用5%碳酸氢钠注射液500～1 000毫升,1次静脉注射,酌情连用1～2日。④改善肠胃机能。可用10%氯化钠注射液300～500毫升、10%氯化钙注射液100～200毫升、20%安钠咖注射液10～20毫升,1次静脉注射。

预防 首先加强饲养管理,维护牛机体健康。日粮保持平衡,满足营养需要;加强饲草料的保管,防止饲草料发霉变质;对已霉败的饲草料,应坚决废弃,绝对禁喂;保证饲料、饮水清洁卫生,严禁饲喂有毒饲草料。

其次是加强兽医防疫工作,定期进行疫病检疫,预防疫病的发生与传播。牛棚、运动场地及产房等处要定期用火碱水消毒。

第五章　营养代谢病

酮　病

酮病是由于碳水化合物、脂肪代谢障碍致使血糖含量减少，而血酮含量异常增多，在临床上以消化机能、神经系统紊乱等为特征的营养代谢性疾病。

在临床上不显示任何症状，只是血酮含量增多的酮血病，尿酮含量增多的酮尿病和乳酮含量增多的酮乳病等，对这类酮病统称为亚临床酮病。

【病因】

(1)原发性酮病

①营养成分(主要是糖)不足　日粮中的精料与粗料搭配比例不合理，如一种日粮是饲喂精料过多，特别是蛋白质饲料过多，而粗料特别是含碳水化合物的饲料饲喂不足；另一种日粮是低蛋白质、低能量的饲料饲喂过少，而碳水化合物饲料也饲喂不足。加上高产奶牛处于泌乳盛期，更会加剧营养物质的不足或缺乏。

②瘤胃黏膜代谢机能障碍　牛的营养物质消化生理特征是瘤胃内发酵(瘤胃消化)。在瘤胃内发酵中产生大量挥发性脂肪酸，通过瘤胃壁上皮细胞吸收其中乙酸和丁酸转变为β-羟丁酸等酮体。瘤胃内发酵产生的挥发性脂肪酸比例越大，便使血液中酮体含量相应地越多，容易成为食饵性酮病。

③乳腺合成乳脂机能障碍　基于乳腺组织由乙酸参与乳

脂合成的过程中氧化还原机能紊乱,自发产生过多的乙酰乙酸等酮体,在诱发低糖血症的同时,成为乳房性酮病的病因。

④内分泌机能障碍 由于糖皮质激素减少,影响瘤胃黏膜上皮细胞对丙酸的吸收以及对糖原的利用,致使血糖含量减少,出现低糖血症;当奶牛在分娩后血液中胰岛素含量明显减少,这就使脂肪酸 β-氧化过程增强,生成大量乙酰辅酶 A,其结果使血酮含量增多。

(2)**继发性酮病** 当患创伤性网胃-腹膜炎、子宫内膜炎及产后瘫痪等疾病,加上日粮急剧改变以及各种应激作用时,导致瘤胃内发酵异常,便构成继发性酮病病因。

【诊断要点】

临床症状

①**消化型** 本型占酮病病牛的比例最大,且多在分娩后几天乃至数周内发生,尤其是泌乳盛期的高产奶牛群,更有多发酮病的趋势。病牛精神沉郁,食欲反常,病初拒食精料,尚能吃些饲草,等到后期连青、干草也拒食,出现异嗜,饮水减少,泌乳量锐减,无乳,体重减轻,消瘦明显,脱水严重。尿量少,呈淡黄色水样,易形成泡沫,有特异的丙酮气味。皮肤弹性丧失,被毛粗刚、无光泽,眼窝下陷。病牛驻立取拱腰姿势,垂头,半闭眼,有时眼睑痉挛,步态踉跄,多易摔倒。排粪停滞,或排出球状的少量干粪,外附黏液;有时排软便,臭味较大。呼出气和挤出的乳汁散发丙酮气味。体温正常或偏低,继发感染的病牛,体温才有所升高。心跳增数(100 次/分钟),心音模糊,第 1 心音与第 2 心音分不清,脉细而微弱。重症病牛全身出汗。

②**神经型** 除呈现消化型症状外,从口角流淌混杂泡沫的唾液,兴奋不安,狂暴,摇头,呻吟,磨牙,眼球震颤,肩胛及臋部肌肉群不时发生抽搐,时时做圆圈运动,或前奔或后退,

并向墙壁或障碍物上冲撞。驻立时四肢叉开或相互交叉,精神紧张,颈部肌肉强直,尾根高举。有的后躯呈不完全麻痹,共济失调。有的屈曲两前肢卧地起不来。

③瘫痪型 泌乳量急剧降低,体重减轻。饮食欲大减,肌肉乏力,不时发生持续性痉挛,对外界刺激反应敏感,不能站立,多被迫横卧地上,其卧地姿势以头屈曲置放肩胛处呈昏睡状。

④继发性酮病 在临床上多被原发性疾病如前胃弛缓、真胃移位、乳房炎和子宫内膜炎等各自特有的症状所掩盖。

实验室检验

①血液中血糖含量变化 酮病病牛的血糖含量为18~40毫克/100毫升,继发性酮病病牛不低于40毫克/100毫升,甚至还有的比酮病病牛更多(健康奶牛的血糖含量为40~93毫克/100毫升)。血酮含量变化,原发性酮病病牛的酮体含量为30~100毫克/100毫升,继发性酮病病牛很少超过50毫克/100毫升以上(健康奶牛的血酮含量为2.9~11毫克/100毫升)。

②尿液中尿酮含量变化 病牛为70~130毫克/100毫升(健康奶牛的尿酮含量为0.3~3毫克/100毫升)。

③乳汁的乳酮含量变化 病牛为40毫克/100毫升。有的牛乳酮含量在10毫克/100毫升以上时,为可疑酮病病牛(健康奶牛的乳酮含量为3毫克/100毫升以下)。

【防治措施】

治疗

①替代疗法(即葡萄糖疗法) 应用25%~50%葡萄糖注射液500~1000毫升,1次静脉注射,每日2次,连用3~4日为一疗程。此外,用丙酸钠100~200克,加常水适量,每日

2次投服,连用5～7日;丙二醇或丙三醇(甘油)250～500克,分2次投服,每日2次;乳酸盐合剂(乳酸钙和乳酸钠各250克,加常水500毫升),每次125毫升,每日2次投服,连服7～10日为一疗程;乳酸铵200克,1次投服,连服5日,效果较好。

②激素疗法 用促肾上腺皮质激素(ATCH)100～200单位,1次肌内注射;或用糖皮质激素,如醋酸可的松0.5～1.5克,1次肌内注射;或氢化可的松0.2～0.5克,1次肌内注射,均可连用数日。醋酸泼尼松(强的松)0.2～0.4克,1次投服,每日1次;或醋酸氟美松(地塞米松磷酸钠液)10～20毫克,1次肌内或静脉注射。

③其他疗法 对神经型酮病病牛,可用水合氯醛,首次剂量30克,随后剂量7克(加生理盐水或等渗葡萄糖液溶解),1次投服,每日2次,连用数日。为了解除酸中毒,可用5%碳酸氢钠注射液500～1 000毫升,1次静脉注射,必要时隔日再注射1次。为加强胃肠消化机能,促进食欲,可用人工盐或苦味健胃剂投服。

预防

①加强奶牛饲养,饲喂全价日粮 为了防止过肥,应限制或降低高能量的浓厚饲料的进食量,增加干草喂量。通常按干物质计,精粗比以30∶70为宜;按混合料计,以每日3～4千克即可,喂青贮15～20千克,干草量不限。

②根据奶牛不同生理阶段进行分群管理 对在舍饲期间的妊娠后期奶牛,务使在平坦运动场地上做一定时间的运动。同时加强临产和产后奶牛的健康检查,尤其要建立牛群的酮体监测制度,即对血酮、尿酮和乳酮定期检验。对产前10日的奶牛,每隔1～2天检测1次,另检测尿pH值1次。产后1

日,可检测尿酮、尿 pH 值和乳酮 1 次,隔 1～2 日再检测 1 次。凡呈阳性反应的,应立即对症治疗。

母牛妊娠毒血症

母牛妊娠毒血症又称肥胖母牛综合征、奶牛脂肪肝病。本病是由于干奶期母牛采食过多精料造成过度肥胖的代谢性疾病。临床上以食欲废绝,渐进性消瘦,伴发酮病、产后瘫痪、胎衣不下和乳房炎等为主征。剖检可见严重的脂肪肝和肝、肾脂肪变性。

【病因】 ①干奶期母牛的饲养失误,如日粮调配中优质精料和糟粕类饲料比例过大,饲喂量也过多;②奶牛混群饲养,常将干奶期母牛群与泌乳期母牛群合群饲养,甚至有的不了解干奶期母牛群的饲喂特点,单纯加料催奶,以膘促奶,致使干奶牛出现了以料催膘的现象。

【诊断要点】

临床症状

①急性 病牛精神沉郁,食欲减退乃至废绝,瘤胃蠕动微弱,奶产量减少或无奶。可视黏膜黄疸,体温升高达 39.5℃～40℃以上,步态不稳,目光凝视,对外界反应不敏感。伴发胃肠炎症状,如排泄黑色、泥状、恶臭粪便。多在病后 2～3 天内卧地不起而死亡。

②慢性 在分娩后 3 天内发病,多伴发产后疾病,如呈现酮病症状,常发呻吟,磨牙,兴奋不安,抬头望天或颈肌抽搐,呼出气和汗液带有丙酮气味,步态不稳,眼球震颤,后躯不全麻痹,嗜睡等。食欲减退乃至废绝,泌乳性能大大降低。粪便量少而干硬,或排泄软稀下痢粪便。尿液偏酸,尿酮反应强阳

性。消瘦明显。有的伴发产后瘫痪，被迫横卧地上，其躺卧姿势以头屈曲放置于肩胛部，呈昏睡状。有的伴发乳房炎、乳房肿胀，乳汁稀薄呈黄色汤样或脓样。子宫弛缓，胎衣不下，产道内蓄积多量褐色、腐臭味恶露。

病理变化 病牛皮下组织及脂肪组织呈黄色，腹腔尤其是结肠圆盘的肠系膜和肾周围的脂肪组织中，蓄积大量脂肪并形成脂肪块。肝脏容积增大、质脆，呈土黄色，切面外翻呈油状。切取小块肝组织置于盛水容器中漂浮不沉。肝细胞脂肪变性，肝小叶似"鱼网状"。肾脏亦有类似肝脏的病变。

实验室检验 尿液 pH 值在 6 以下，尿酮反应为强阳性，白细胞总数减少。血清总胆固醇含量和血糖含量降低，血清游离脂肪酸和胆红素含量升高，血清谷草转氨酶活性升高，溴磺酞钠清除率明显延长。

【鉴别诊断】 本病应与母牛分娩前后易发的各种疾病，加以鉴别。

（1）**母牛卧倒不起综合征** 本病多数为分娩后低钙血症的并发症。病牛被迫横卧地上取"蛙式"姿势，或侧卧地上头向后方呈强直性抽搐。有的出现血红蛋白尿，有的体躯后部局限性肌肉肿胀、疼痛，但精神、食欲尚好（参阅母牛卧倒不起综合征）。

（2）**瘤胃酸中毒、酮病** 分别见第四章和本章瘤胃酸中毒、酮病。

【防治措施】

治疗 ①抗脂肪肝形成，降低血脂。25％木糖醇注射液500～1 000 毫升和蛋氨酸制剂（即蛋氨酸 1 700～3 400 毫克，泛酸 250～500 毫克，7％碳酸氢钠液 250～500 毫升）和10％～40％葡萄糖液 250～500 毫升，混合静脉注射，每日 1

次,连用 3～5 日为一疗程。10%氯化胆碱注射液 250 毫升,皮下注射,或用 50%氯化胆碱粉 30～60 克,经口投服。泛酸钙 200～300 毫克,用注射用水配制成 10%注射液,静脉注射,每日 1 次,连用 3 日。②补充糖原,保肝解毒。多用 50%葡萄糖液 500～1 000 毫升,静脉注射,连用 5～7 日,再用 25%木糖醇注射液 500～1 000 毫升,静脉注射,每日 2 次,连用 5 日以上。重症病牛,也可用胰岛素 120～200 单位,皮下注射,并配合维生素 B_1 注射液 20～30 毫升,肌内注射。③当病牛体温升高时或为防止继发感染,可用四环素、盐酸土霉素,按 5～10 毫克/千克体重用药,肌内注射,每日 2 次,连用 5～7 日为一疗程。④为了纠正代谢性酸中毒,用 5%碳酸氢钠注射液 500～1 000 毫升,静脉注射。⑤为了改善瘤胃内发酵机能,可接种健康奶牛瘤胃液 5～8 升,用胃管灌服,必要时隔 1～2 天再接种 1 次,效果明显。

预防 ①加强处于干奶期母牛的科学饲养。日粮配制要合理、稳定,避免突然改变。为了防止处于干奶期母牛过分肥胖,在日粮中应限制或降低精料的进食量,增加干草饲喂量,保证每天供应混合料 3～4 千克,青贮 15～20 千克,而干草不限量,由牛自由采食。②分群饲养和管理。根据奶牛不同生理阶段,随时调整营养比例,为避免抢食精料过多,可将干奶期母牛从泌乳牛群中分开饲喂和管理。③为增强奶牛机体抗病力,干奶期奶牛每天要有 1～1.5 小时的运动,同时补饲钴、碘等微量元素、维生素和矿物质添加剂。④加强配种工作,及时对发情母牛配种,提高受胎率。⑤对围产期母牛加强监护工作。对妊娠母牛,在分娩前 1 个月和分娩后 1 个月,每日在饲料中混加蛋氨酸 30～50 克、氯化胆碱 20～30 克,对预防本病有一定效果。⑥提高食欲,维持血糖和血钙浓度。用 25%葡萄糖注射液、20％葡萄糖酸钙注射液各 500 毫升,在分娩前 5 天开始静脉注射,每日 1 次。乳酸铵、丙二醇或丙酸钠各 150～200 克,在分娩前 6 天开始喂服,每日 1 次,连用 5～10 日为一疗程。

母牛卧倒不起综合征

母牛卧倒不起综合征又称母牛爬行综合征。本病是指母牛分娩前后以不明原因而突发起立困难或站不起来为主征的一种临床综合征。本病可发生于一年四季,尤以夏季与初春较为多发。

【病因】 ①在妊娠母牛分娩、难产和产后瘫痪(乳热)以及某些神经、肌肉、韧带、骨骼和关节等继发性损伤,特别是拴系于产房或牛舍内的分娩母牛,又多发外科损伤及其他各种并发性疾病时,易患本病。②当对矿物质和微量元素需要量过多的妊娠母牛,在分娩前未能给予足够的补饲时,可导致妊娠母牛潜在性的发病因素,一旦遭受某种外力作用,则易诱发神经、肌肉、韧带和关节等各种疾病。③饲喂高蛋白、低能量日粮的牛群,使瘤胃内发酵过程异常,其所产生的有毒物质,以分娩为契机,易发生自家中毒而出现卧倒不起综合征。

【诊断要点】

临床症状 病牛后躯肌肉麻痹、松弛和乏力,致使病牛站立困难,甚至站不起来,多横卧地上,但前躯肌肉麻痹症状多不明显。病初虽不时企图站立,由于后肢向后移位,呈现犬坐姿势或蛙腿姿势。病牛显出精神敏感,食欲几乎正常,体温正常或略有升高。耳根、角基部冷凉,皮温不均。瞳孔反射、感觉等多无大异常。瘤胃蠕动机能稍有减弱,粪便正常或稀软。呼吸、心跳多正常。可视黏膜潮红、发绀。随病势发展,人为帮助病牛站立也无力负重,即使勉强站立起来,也往往由于球节呈突球状屈曲姿势,多被迫侧卧地上。卧地后肢腿抽搐。横卧较久的病牛,除引起继发症如乳房炎、子宫内膜炎、心肌炎外,还可在跗关节和肘关节的突出部位,以及髋结节周围发生褥疮性溃疡,最终使病牛死于心力衰竭或败血症。

【防治措施】

治疗　①应用10%葡萄糖酸钙注射液300～800毫升,1次静脉注射。若病牛症状无明显改善时,可隔8～12小时后再注射1次。必要时结合乳房送风疗法。②用钙制剂治疗无效的病牛,可改用磷制剂、镁制剂等治疗。如应用15%磷酸二氢钠注射液200～300毫升、复方生理盐水1000毫升,混合1次静脉注射;或用10%～15%硫酸镁注射液100～200毫升,1次静脉注射;钾制剂可用5%氯化钾注射液100毫升、5%葡萄糖注射液1000～1500毫升,混合1次静脉注射。对神经、肌肉、韧带和骨骼等继发性外科损伤和各种并发症,应酌情采取对症治疗。

若有条件最好将病牛吊起,强迫站立,周身喷洒酒精后用草把按摩。

预防　①对妊娠母牛从分娩前1～2周起,将其饲养在宽敞的产房待产,绝对不要拴系在拥挤的牛舍内。②从分娩前2～8天开始,肌内注射维生素D_3 500～1000单位/千克体重,连用2～3日,有减少本病发生的效果。③从分娩前3～5天开始,应用10%葡萄糖酸钙注射液500毫升、20%葡萄糖注射液1000毫升,混合1次静脉注射,每日1次,连用到分娩为止,也有预防作用。

产后血红蛋白尿(症)

产后血红蛋白尿(症)多发生于分娩后1~4周的母牛。本病是以低磷血症、血管内溶血性血红蛋白尿、贫血和黄疸等为主征的高产奶牛代谢性疾病。

【病因】 奶牛群在干旱年度缺磷的草场上放牧,或舍饲牛群饲喂上述草场收割的青干草,或单纯饲喂磷含量仅占干物质0.1%的块根类、甜菜叶及其残渣,或饲喂含硫氰酸盐等溶血因子的十字花科植物芜菁、甘蓝等多汁饲料,致使奶牛红细胞膜磷脂丧失、红细胞存活期缩短,引发溶血,是本病发生的主要原因。此外,泌乳过多,使矿物质尤其是磷大量的丧失,又得不到及时的补充,也是形成本病的诱因。

【诊断要点】

临床症状 轻型病牛,多在分娩后1~4周内骤然发病。病牛排出呈淡红、暗红至赤褐色、咖啡色的泡沫状血红蛋白尿。排尿频繁,尿量减少。食欲减退,产奶量明显降低。随着病情发展,脉搏增数,心律不齐,呼吸急促,可视黏膜发绀、淡染或黄染。反刍、嗳气机能紊乱,瘤胃蠕动减弱,全身性消瘦、虚弱。

重型病牛,黏膜苍白,乳房、股内侧和腋窝等处也淡染、苍白。脉搏每分钟达80~100次,脉性细弱呈金丝脉,颈静脉怒张,心搏动亢进,心音增强,伴发贫血性杂音。呼吸浅表、快速,步样不稳、踉跄,泌乳量明显减少,乳房、四肢末端冷凉,乳头、耳尖、尾梢及趾端发生坏死。体温降低至36℃以下。粪便先干硬、量少,而后排泄恶臭味的稀粪。肝区叩诊界扩大并有疼痛反应。

实验室检验 血中红细胞数减少(150 万～200 万个/立方毫米以下),血红蛋白含量减少,红细胞压积值也相应地降低。血清中无机磷含量为 1～1.5 毫克/100 毫升(正常值为 4～8 毫克/100 毫升)。血清胆红素定性间接反应呈强阳性。尿液变化:尿潜血呈阳性反应,但尿沉渣镜检却不见红细胞。

【鉴别诊断】 临床上应与细菌性肾盂肾炎、牛钩端螺旋体病、双芽巴贝斯虫病、牛蕨类中毒等疾病加以鉴别。

(1)**细菌性肾盂肾炎** 是由化脓性棒状杆菌等引起的牛的肾脏、输尿管和膀胱等化脓性疾病。病牛体温升高,呈弛张热或间歇热。触诊肾区有疼痛感,排尿频繁或困难,尿少、混浊带血色,含有黏液、脓球等。尿检除尿蛋白呈阳性反应外,尿沉渣镜检见有大量肾上皮细胞、红细胞、白细胞尿圆柱(管型)和化脓性棒状杆菌、大肠埃希氏菌等病原菌。

(2)**钩端螺旋体病** 是由致病性钩端螺旋体引起的人畜共患传染病。病牛以发热、黄疸、出血性素质、血红蛋白尿、流产、皮肤和黏膜坏死、水肿等为特征。多数呈隐性经过。确诊病性需做血、尿和胎儿胸水中的致病性病原体鉴定。乳汁浓稠,呈淡红色,内含血凝块。齿龈、唇和舌面有溃疡、坏死。

(3)**双芽巴贝斯虫病** 又称红尿热、血尿病。双芽巴贝斯虫寄生于牛的红细胞内,病牛体温升高呈稽留热,迅速消瘦,可视黏膜发绀、黄染、苍白,并有点状出血,排出血红蛋白尿(血尿)。血液涂片镜检:在红细胞内见有环形、逗点状典型虫体即可确诊。

(4)**牛蕨类中毒** 是由于奶牛采食蕨类植物引起的以持续性血尿和再生障碍性贫血为主征的中毒性疾病。急性病牛特征性症状类似放射性反应。病牛体温升高,消瘦、腹泻,粪中带血。可视黏膜淡染并有出血斑,呼吸促迫,脉搏增快而细弱。

孕牛常发生流产。呈现出血性素质,皮肤破伤出血不易止住,凝血时间延长。慢性病牛呈现一种地方性慢性膀胱壁增生性疾病。病牛间断出现血尿,逐渐消瘦和贫血。

【防治措施】

治疗　采取输血疗法是挽救重型病牛的有效措施之一。重度贫血(红细胞压积值在10%以下)的病牛要迅速输血。输血量每次以300~800毫升为宜。每日补饲磷酸二氢钠100~150克。用10%磷酸二氢钠液300~600毫升,1次静脉注射,每日2次,连用3~5日为一疗程。

为了扩充血容量并供给能源,应用复方氯化钠注射液与5%葡萄糖注射液(1∶2)混合后,1次静脉注射,剂量:每次3 000~4 000毫升。还可口服造血药物,如用硫酸亚铁(5克)、硫酸铜(1克)、氯化钴(0.25克)等混合后作为添加剂,每日投服6.25克,连投3~5日为一疗程。

预防　严禁过多饲喂甜菜及其副产品、芜菁、油菜、甘蓝等含磷量过低和含硫氰酸盐等溶血因子过多的多汁饲料。补饲磷含量较多的饲料,如麸皮、米糠等。从泌乳开始起2个月内,补饲磷量较多的添加剂,成年母牛维持量为20克,奶牛每产1千克奶量要增补1.6克,以含磷量较多的麸皮来计算,要饲喂的麸皮量不应少于20克。

牧草搐搦

牧草搐搦又称青草蹒跚、泌乳搐搦、低镁血性搐搦和低镁血症等。本病是指牛群采食或饲喂镁含量低的牧草(包括各种草)所引起的血液中镁含量减少,在临床上以兴奋、惊厥等神经症状为主征的矿物质代谢紊乱性疾病。

【病因】

(1)**饲草中镁含量过低** 这与饲草所生长的土壤中缺镁有密切的关系。即使生长的植物中镁含量不低,但当大量施用钾肥后,由于钾离子与镁离子之间的拮抗作用,从而阻碍植物根系吸收,也使植物中镁的浓度降低或过少。

(2)**饲草种类的搭配不当** 禾本科牧草含镁量低于三叶草及其他双子叶植物,尤其幼嫩青草利用镁的效率低于成熟的青草。平时奶牛只饲喂禾本科牧草和幼嫩青草,势必使镁离子摄取量减少。

(3)**奶牛胃肠道疾病** 一方面使病牛食欲大减而采食量过少;另一方面饲草食糜在消化道中被消化吸收的过程短,特别是当瘤胃内产氨过多时,均可影响对镁的吸收和利用。

(4)**奶牛饲养期遭受应激** 例如遭遇寒冷、多雨和大风等不良天气的影响,除使镁的吸收利用受到阻碍外,还促使泌乳母牛甲状腺机能亢进,结果使镁的消耗量加大。

【诊断要点】

临床症状 本病的前驱症状类似母牛发情的表现。临床上可分为急性、亚急性和慢性3种类型。

①**急性型** 多数病牛突发食欲不振和兴奋不安等神经症状。如病牛仰头哞叫,盲目乱走,突然倒地,四肢做泳游状划动,角弓反张,眼球震颤,空嚼磨牙,口吐白沫等。持续1～2分钟后安静。每当遭受某些刺激、惊吓时,惊厥再次发作。多因治疗不及时而于发病后0.5～1小时呼吸中枢衰竭而死亡。

②**亚急性型** 病牛食欲大大减退,精神委靡不振,步态跟跄。随后呈现感觉过敏、不安和兴奋,肌肉震颤、搐搦,瞬膜露出,牙关紧闭或磨牙空嚼,耳、尾和四肢肌肉强直,全身呈现间歇性或强直性痉挛,倒地不起。尿频,排粪频繁至停止,泌乳性

能明显降低。

③慢性型　多发生于高产奶牛，病情逐渐恶化，历时较长，病牛发生运动失调和意识障碍。病牛以对轻微刺激反应敏感为特点，头颈、腹部和四肢肌肉发颤，甚至强直性痉挛，倒地呈角弓反张姿势。体温在 40℃～40.5℃，脉搏增数达每分钟 82～105 次，呼吸促迫并加快达每分钟 60～82 次。每当间歇性痉挛发作时，必伴发可视黏膜发绀，呼吸困难，心音混浊不清，节律不齐，口角流淌泡沫状黏液，排泄水样稀粪和尿频等症状，结局多死亡。

实验室检验　血镁含量为 0.4～0.9 毫克/100 毫升（正常值为 1.8～3.2 毫克/100 毫升），这是本病的特征性变化。

尿液淡黄、透明，比重 1.008～1.015 或更低。尿蛋白呈阳性反应。

瘤胃液 pH 值升高（正常值为 6.5～7.5）。

【防治措施】

治疗　①应用 10%～20%硫酸镁注射液 100～200 毫升，1 次静脉注射。为了延长镁制剂在牛机体内的有效浓度，可配合用 5%硫酸镁注射液 200 毫升，1 次分点肌内或皮下注射。当镁制剂注射后出现心率加快或呼吸过缓症状时，应立即停止注射，同时，迅速静脉注射 50%氯化钙注射液 100～150 毫升，可以使之缓解。②对症疗法：以强心、保肝解毒和止泻健胃为主，必要时应用抗组胺制剂进行治疗。

预防　①不喂含镁浓度较低的饲草，也应防止过多饲喂高钾饲草，在注意补镁时，又要防止镁高而影响对磷的吸收，以减少临床低磷血症发生的可能性。②加强草场管理，对缺镁土壤施用含镁肥料。为提高牧草中镁的含量，可在放牧前开始每周对每 100 平方米草场撒布 3 千克硫酸镁溶液（2%浓度）。同时要控制钾肥的施用量，防止破坏牧草中镁、钾之间的平衡。③处于缺镁地区或经常有本病发生的地区，应在平时补饲镁盐，以预防发病。通常在饮水和日粮中添加氧化镁或硫酸镁等，每头牛每天补饲量不超过 50～60 克。

运输搐搦

运输搐搦是指营养佳良的奶牛群在长途运输或驱赶中或到达目的地后突然发病，临床上以运动失调、意识障碍、卧地不起呈昏睡状等为主征的一种代谢性疾病。

【病因】　本病发生的确切原因尚不十分清楚，但与急性低钙血症有关。运输或驱赶之前过饱，铁路或公路长途运输中车厢过挤、换气不良、过度闷热、惊吓、疲劳、饥饿、饮水供应不及时，以及到达目的地后，立即任其自由饮水和过强运动等，多种综合应激作用，是构成本病发生的诱因。

【诊断要点】

临床症状　多在运输或驱赶中或到达目的地后 24～48 小时内发病。病初呈现过度兴奋、不安、磨牙或牙关紧闭等神经症状。体温升高，呼吸促迫，心搏动亢进，脉搏加快至每分钟 100～120 次以上。后躯部分肌肉麻痹，趾关节强直，间歇性痉挛，步态不稳，最后不能站立而被迫侧卧地上。病牛烦渴而食欲废绝，口角流出泡沫状黏液，瘤胃蠕动机能消失，往往伴发瘤胃臌气。有的妊娠母牛诱发早产。可视黏膜发绀或潮红，肛门和膀胱括约肌麻痹，不断排粪和尿淋漓，呈昏睡状态或呈产后瘫痪的特有躺卧姿势。呼出气带有丙酮气味。

一般轻型病牛经过 4～5 小时，给予及时治疗后，症状便有所减轻，可望恢复常态。其中多数病牛经过几小时后病情加重,特别是陷于昏睡状态的重型病牛,在3～4小时后死亡。当临近分娩的母牛发病后,从速做人工流产术,会使症状大大减轻,多预后良好。

实验室检验　血液变化中血钙、血磷和血镁含量减少,而血中乳酸含量增多,血酮反应呈阳性。白细胞总数增多,其中嗜酸性白细胞数减少明显。

【防治措施】

治疗　首选药物:10％葡萄糖酸钙注射液300～400毫升、5％葡萄糖生理盐水1 000～2 000毫升,1次静脉注射。若与10％硫酸镁液150～200毫升和5％葡萄糖液1 000～2 000毫升,混合静脉注射,疗效更加明显。对异常兴奋和痉挛的病牛,可用水合氯醛15～25克,溶解于淀粉水500毫升中后灌服,也可用盐酸氯丙嗪注射液,1～2毫克/千克体重,1次肌内注射。

预防　计划运输或驱赶的奶牛群,尤其是妊娠后期的母牛群,要预先减少饲料量,或改为舍饲,控制采食量。运输前几小时肌内注射复方氯丙嗪注射液(0.5～1毫克/千克体重),以减少运输中各种应激作用,有预防发病的效果。在运输中不要过于拥挤,保持通风良好,不过热,并保证饮水供应和适当的休息。到达目的地后24小时内,将牛群拴系于冷凉处,在2～3天内限制饮水量和运动量。

佝 偻 病

　　佝偻病是犊牛在新生骨骼钙化过程中,由于矿物质和维生素D缺乏而导致骨组织钙化不全性软骨肥大和骨骺增大,在临床上是以消化机能紊乱、跛行和长骨弯曲变形等为主征的全身性矿物质代谢疾病。

【病因】　一般将本病分为维生素 D 缺乏、低钙和低磷 3 种原因,而犊牛佝偻病多属前一种。

(1)**维生素 D 缺乏或不足**　一方面是犊牛吸吮缺乏维生素 D 的母牛乳汁,使之维生素 D 来源不足;另一方面是饲喂犊牛的饲草料等严重缺少日光(紫外线)照射,阻碍维生素 D_2 的形成,同时也影响经牛机体皮肤颗粒层贮存的 7-脱氢胆固醇转化为维生素 D_3,使其维生素 D_3 缺乏或不足。

(2)**钙或磷缺乏或不足**　当犊牛长期饲喂缺钙的饲草料(如麦秸、麦糠和块根类),会使血钙浓度降低;当犊牛长期饲喂低磷土壤上生长的饲草料以及麦糠、多汁饲料等,也会使血磷浓度降低。如果犊牛胃肠内容物 pH 值改变和瘤胃内微生物群失调等,均影响牛机体对矿物质的吸收、利用。钙、磷都是骨骼钙化过程中的必需矿物质元素。

(3)**钙与磷比例不当**　通常在饲草料中钙与磷的适当比例为 1.5～2：1,即使维生素 D 稍有不足,也不至于发病。一旦钙、磷比例不当,则牛机体对维生素 D 的需要量大增。因此,钙与磷比例适当与否和维生素 D 相互影响,常能促使或阻止佝偻病的发生和发展。

【诊断要点】

临床症状　病初精神委靡不振,食欲减退并有异嗜,不爱走动,步态强拘和跛行。随病情的进一步发展,四肢诸多关节近端肿大,肋骨与肋软骨连接处呈念珠状肿,胸廓变形、隆起,四肢长骨弯曲,如前肢腕关节外展呈 O 形姿势,两后肢跗关节内收呈 X 形姿势,脊背凸起。鼻腔狭窄,颜面隆起、增宽,吸气延长。牙齿咬合不全,口裂不能完全闭合,伴发采食、咀嚼不灵活。肌肉和腱的张力减退,腹部下垂。生长发育延迟,营养不良,贫血,被毛粗刚、无光泽,换毛推迟。有的病犊牛出现神经过敏、痉挛和抽搐等神经症状,骨骼变形、弯曲,骨硬度降低、脆软并易发长骨骨折等。

实验室检验 维生素 D 缺乏性佝偻病病犊,血钙或血磷含量减少,或两者均有减少。低钙性佝偻病病犊,血钙含量多在正常范围之内,只有病程处于后期时才显示血钙含量减少。低磷性佝偻病病犊,血磷含量大幅度减少,在正常值(3毫克/100 毫升)以下。凭血磷含量的测定,便可确立病性诊断。

病理变化 病犊牛的长骨骨端肥大,骨质变软,脊柱弯曲,四肢关节肿大、变形,肋骨与肋软骨连接处呈念珠状肿(又称串珠样肿),骨盆骨畸形等。

【防治措施】

治疗 除应混饲氧化钙、磷酸钙(20~40 克/日)外,还可用鱼粉(20~100 克/日)混饲,同时应注意钙与磷的适宜比例。对重病犊牛,应使用维生素 D 制剂。如维生素 AD 注射液5~10 毫升,或维生素 D_2 胶性钙注射液 5~20 毫升,隔日 1次肌内注射,连用 5~7 为一疗程。同时用 20%磷酸二氢钠注射液 300~400 毫升,1 次静脉注射,每日 1 次,连用 3~5日为一疗程。结合药物治疗还应饲喂豆科牧草、优质干草等,更有利于病犊牛早日康复。

预防 首先要加强妊娠后期母牛的饲养管理,防止犊牛先天性骨骼发育不良。对初生犊牛要加强护理与调养,训练并培养其采食能力,按犊牛年龄和体重以及对钙、磷和维生素 D的需要量,调制全价营养日粮,必要时补饲优质鱼粉和骨粉。在北方寒冷季节和地区的舍饲犊牛群,要保证足够的户外运动和日光照射时间。

骨 软 症

骨软症是成年奶牛钙、磷代谢障碍的一种慢性全身性疾病。剖检所见为软骨骨化不全、骨质疏松和形成过量未钙化的骨基质。临床上以消化紊乱、骨骼变软、肢势异常、蹄变形、尾椎骨吸收及跛行等为主征。乳牛,尤其是老龄而又高产的奶牛常发本病。

【病因】

(1)**奶牛群对钙磷需求量的变化** 以年产 5 000 千克奶的母牛为例,每产 1 千克奶中含钙 1.2 克,磷 0.9 克。随泌乳量加大,奶牛对钙、磷的需求量和消耗量也势必增大,结果引起钙、磷不足而发生矿物质代谢障碍。

(2)**日粮配制中钙磷比例不平衡** 即由于饲草料搭配不合理,导致钙、磷含量过高或过低,并且比例不适当。

(3)**患有慢性消化器官疾病** 牛患慢性前胃疾病时,由于皱胃胃液中稀盐酸和肠液中胆酸量减少或缺乏,使磷酸钙、碳酸钙的溶解度降低,吸收率下降。

当瘤胃内微生物群改变时,不仅使植酸、草酸与钙结合阻碍肠黏膜的吸收,同时又在发酵、分解纤维素、蛋白质的过程中产生各种脂肪酸,在肠道内与钙离子结合形成不易被肠黏膜吸收的钙皂,随粪便排出体外,造成钙离子的丧失。

(4)**维生素 D 缺乏及肝、肾功能紊乱** 当奶牛自身和饲喂的饲草、饲料等植物在生长期间受日光照射不足时,会降低植物中麦角骨化醇(维生素 D_2)的含量,还影响牛皮肤颗粒层贮存的 7-脱氢胆固醇形成维生素 D_3(胆骨化醇)的含量。奶牛肝、肾功能紊乱时,不能将维生素 D_3 经肝、肾羟化为活化型

1,25-二羟胆骨化醇（1,25-$(OH)_2$-D_3），势必不能提高肠黏膜对钙的吸收率，并间接地影响对磷的吸收率，这样会使血钙、血磷含量减少。

【诊断要点】

临床症状 病牛起初多以前胃弛缓症状为主，如食欲时好时坏、异嗜，舐食厩舍墙壁、地面泥土、污秽垫草、粪尿沟中的粪水、铁器、木屑和沙石等，不时地空嚼（磨牙）、呻吟。病牛驻立时头颈向前伸展，背腰凹下，前肢不时地交替负重，有的以膝关节着地，当运步时出现跛行，步幅短缩，步态强拘，蹄尖着地，后躯摇晃，有的由肢腿某关节发出爆裂音响。喜卧地上，站立多不能持久，强迫站立时出现全身性颤抖。有时弹腿，有时取前后肢的拉弓姿势。蹄壁角化不良，生长过速、皲裂。病牛常伴发腐蹄病，发情延迟或呈持久性发情，受胎率低，流产和产后胎衣不下等。

由于骨骼严重脱钙，使脊柱、肋骨和四肢关节等处呈现敏感，叩诊和触诊有痛性反应。病牛体躯和四肢骨骼变形，呈现胸廓扁平、拱背、飞节内肿，后肢呈"八"字形。尾椎骨转位、变软和萎缩，最末端的椎体，甚至被不同程度地吸收而消失。肋骨、四肢骨和骨盆等骨质疏松、脆弱，易发骨裂、骨折及腱附着点剥脱，常见跟腱断裂。

病牛营养不良，严重消瘦，被毛逆立粗刚，无光泽，换毛延迟，皮肤干燥，弹力减退呈皮革样外观。瘤胃蠕动减弱，便秘、腹泻或两者交替出现，下腹部蜷缩。产奶量明显减少。常伴发贫血和神经症状。低磷性骨软症病牛可能出现血红蛋白尿。最终持久性躺卧，形成褥疮，被迫淘汰。

实验室检验 血液变化中，低钙性骨软症血清钙含量为6～8毫克/100毫升（正常值为9～11毫克/100毫升），低磷性骨软症血清无机磷含量为 2～4 毫克/100 毫升（正常值为 4～8 毫克/100 毫升）。血红蛋白尿呈阳性。乳汁酒精反应呈阳性。

病理变化 头骨和骨盆骨膜肥厚、变形，肋骨与肋软骨连接处形成骨瘤，四肢骨弯曲、变形，易发骨折。

【防治措施】

治疗 ①日粮补加碳酸钙、南京石粉或柠檬酸钙粉，成年干奶期奶牛钙、磷每日饲喂量分别不少于 55 克和 22 克；泌乳奶牛钙、磷饲喂量分别为 2.5 克/千克奶量和 1.8 克/千克奶量。②静脉注射 20%葡萄糖酸钙注射液 500～1 000 毫升或 10%氯化钙注射液 100～200 毫升，连用 3～5 日。③在日粮中除添加磷酸钠（30～100 克）、骨粉（30～100 克）外，还可用 20%磷酸二氢钠注射液 500 毫升，1 次静脉注射，每日 1 次，连用 3～5 日为一疗程。④为了促进肠管对钙、磷的吸收和利用，可应用维生素 AD 注射液 5～10 毫升，或维生素 D_2 胶性钙（维丁胶性钙）注射液 5～20 毫升，隔日 1 次肌内注射，连用 3～5 日为一疗程。

预防 ①定期检测奶牛群血钙、血磷含量。②按饲养标准配制日粮，增加豆科牧草和优质干草，确保饲草料中钙、磷含量满足奶牛生理需要，钙、磷比例达到规定标准（1.5～2∶1）。高产奶牛于冬季舍饲期间，在日粮中添加矿物质和胡萝卜等补充饲料，同时还可用维生素 D_3 注射液，1.5 万～3 万单位/千克体重，1 次肌内注射。③让奶牛多到舍外受日光照射并驱使适量运动。补喂脱氟磷酸盐岩粉。

铜缺乏症

铜缺乏症是由于饲草和饮水中铜含量过少,钼含量过多,临床上以被毛退色、下痢、贫血、骨质异常和繁殖性能降低等为主征的地方性代谢性疾病。

【病因】

原发性铜缺乏症 即单纯性铜缺乏症。由于采食或饲喂了铜含量过低的饲草,其中铜含量少于 3 毫克/千克以下时,则呈现出铜缺乏症症状。其中铜含量为 3~5 毫克/千克时,多为亚临床铜缺乏症。

继发性铜缺乏症 由于奶牛机体组织对铜的吸收利用受阻所致。

【诊断要点】

原发性铜缺乏症临床症状 病牛食欲减退,异嗜,生长发育缓慢,尤其犊牛更为明显。被毛无光泽,黑毛变为锈褐色,红毛变为暗褐色。眼周围被毛由于退色或脱毛,则为白色或无毛,似眼镜样外观。伴发消瘦、腹泻、脱水和贫血现象。放牧牛群出现性周期延迟,或不发情,或一时性不怀孕,早产等繁殖机能障碍。妊娠母牛除泌乳性能降低外,所产出的犊牛多表现跛行,步样强拘,甚至行走时两腿相碰,关节肿大、变形,骨皮质变薄,骨质脆弱易发生骨折。重型病牛心肌萎缩和纤维化,往往发生急性心力衰竭,即使在轻微运动过后也易发病,有的在 24 小时内突然发病死亡(猝倒病)。

继发性铜缺乏症临床症状 基本上与原发性铜缺乏症相同。不同的是病牛还有轻度贫血,腹泻症状严重并呈持续状态,这是其主要症状。

【鉴别诊断】 本病应与寄生虫性胃肠炎、沙门氏菌病、牛副结核病等加以鉴别。

(1)寄生虫性胃肠炎 危害奶牛较大的为指形长刺线虫、血矛线虫和仰口线虫等。病牛精神委靡不振,营养不良,被毛粗乱、无光泽,日益消瘦,贫血,腹泻与便秘交替出现。严重病牛见下颌水肿或颈下、前胸和腹下水肿。如大量感染食道口线虫时,呈现顽固性下痢。通过检查粪便虫卵可以确诊。应用铜制剂治疗或日粮中补铜无效果。

(2)沙门氏菌病 主要侵袭出生后10～40日龄的犊牛,首先呈现肠炎症状,体温升高,腹泻,粪中带血块、黏液等。有的伴发关节炎、肺炎。多数死于败血症。成年牛感染多呈隐性和慢性经过。临床上除引起妊娠母牛流产外,其他无任何症状。

(3)牛副结核病 是由副结核分枝杆菌引起的慢性消化道传染病。病牛开始腹泻,呈间歇性发作,逐渐消瘦、乏力。剖检见小肠特别是回肠黏膜呈现脑回状增厚,肠系膜淋巴结水肿等病变。粪便镜检也可见到副结核分枝杆菌。用副结核菌素皮内试验呈阳性反应。

【防治措施】

治疗 应用硫酸铜制剂,成年牛每日2克或每周4克,犊牛每日1克或每周2克,经口投服。还可用硫酸铜0.8克,溶解于1 000毫升生理盐水中,成年牛剂量为250毫升,1次静脉注射,其有效期可维持数月。

预防 ① 对当地饲草料、水源和土壤中铜含量进行检测,并制定对策措施,如对铜缺乏的土地,可施用含铜肥料,每公顷草场上施用5～7千克硫酸铜,能使生长的牧草中含铜量达到奶牛机体生理需要水平,并能维持几年。②对舍饲奶牛群,还可用甘氨酸铜制剂,剂量:成年牛 100～300 毫克,犊牛 50～100毫克,1 次皮下注射,其保护期可持续 1 年左右。有时给成年牛经口投服硫酸铜 3 克,每周 1 次,效果也好。

铁缺乏症

铁缺乏症是由于牛群摄取铁含量过低的饲料,临床上是以生长发育缓慢和贫血等为主征的营养代谢性疾病。

【病因】 ①在缺铁土地上放牧或给奶牛群饲喂铁含量过少的饲草料,则可能发生低铁性贫血。在集约化舍饲犊牛群中,尤以饲喂牛奶为主的特定饲养条件下,可发生低铁性贫血,即小红细胞性、正血红蛋白性贫血。②奶牛消化道疾病,使胃肠吸收机能紊乱,胃液分泌减少,腹泻以及铁代谢障碍等,导致慢性贫血,即再生不全性贫血。再有当奶牛喂给磷含量过多的精料,以及牛肠黏膜产生脱铁蛋白等诱因时,也可使吸收铁的机能降低而发生低铁血症。

【诊断要点】

临床症状 病初食欲不振,异嗜,反刍不规律,瘤胃蠕动机能紊乱,生长发育缓慢,可视黏膜淡染,逐渐消瘦,先便秘后腹泻,或便秘与腹泻交替出现。重型病犊牛多呈重剧贫血症状,眼结膜极度苍白,心搏动亢进,心跳加快并伴发贫血性杂音(缩期性杂音),呼吸促迫乃至呼吸困难,鼻端、耳根和四肢末梢冷凉。

实验室检验 血液变化中除病牛红细胞数、血红蛋白含量均明显减少外,血清铁(包括铁蛋白)含量减少,至生理值低限以下(奶牛血清铁含量平均为 140 微克/100 毫升)。

乳汁中铁含量也低于生理值(生理值为 0.5 微克/100 毫

升;初乳中铁含量比常乳要高出 3～5 倍)。

【防治措施】

治疗　应用硫酸亚铁制剂 10～12 克,溶解于常水后,1 次经口投服,连用 2 周为一疗程(注意:应用铁制剂时,切忌饲喂高钙、高磷及含鞣酸质较多的饲草料)。对轻型病犊牛还可补饲枸橼酸铁铵,按每千克饲料添加 25～30 毫克混饲,有效果。必要时可用维生素 B_{12} 注射液,剂量 1～2 毫克,每日 1 次肌内注射,连用数日,疗效更为明显。

预防　成年牛杜绝饲喂铁含量过低的饲草料,可有效地预防本病。成年牛铁的需要量为 25～40 毫克/千克体重,必要时补饲铁制剂。初生犊牛,应每日补饲 30～40 毫克铁添加剂,如硫酸亚铁、枸橼酸铁铵或乙二胺四乙酸铁(即 EDTA 铁、依地酸铁)等,预防本病的效果明显。

碘缺乏症

碘缺乏症又称甲状腺肿。碘缺乏症是由于长期饲喂缺碘的饲草料,临床上是以新生犊牛死亡、脱毛、生长发育缓慢和成年奶牛群繁殖机能障碍等为主征的地方性疾病。

【病因】

原发性碘缺乏症　由于所在地区的土壤、饲草料和水源中碘含量过少,使牛群摄取碘量不足所致。其中以土壤和水源为关键,饲草料中碘含量多少取决于土壤、水源、施肥和天气等诸多因素。如雨季降水量过多,则使土壤中碘被溶解而流失;土壤中富含钙质而又缺少腐殖质的地方,则碘也会相对地缺乏或不足。

继发性碘缺乏症　主要是由于牛群对碘需要量增加和饲

喂致甲状腺肿的物质过多所致。前者主要表现在犊牛生长发育、母牛妊娠和泌乳盛期,后者是持久而大量饲喂含有致甲状腺肿的草料,如白三叶草、卷心白菜、油菜籽、亚麻籽及其副产品、黄芜菁、豌豆、花生等,两者均可使牛机体对碘的吸收量减少。当应用治疗甲状腺机能亢进的药物硫脲、钾盐等,以及摄取过多的钙制剂时,可阻碍对碘的吸收。还有氟化合物、钴、锰也会影响甲状腺功能。上述这些因素,均可导致碘缺乏症。

【诊断要点】

临床症状 成年奶牛甲状腺肿大,皮肤干燥,被毛脆弱。妊娠母牛除妊娠期延长外,并多发生早死胎儿被吸收和偶发早产。新生胎儿水肿,犊牛产出后体质虚弱无力,骨骼发育不全,四肢骨弯曲变形而站立困难。严重病犊牛以腕关节着地。有的生后不能站起,被毛生长发育不良,毛稀或无毛,皮肤呈厚纸浆状病变。先天性甲状腺肿大犊牛,俗称大脖子病犊牛,因肿大的甲状腺压迫喉头部而引起呼吸困难,最终窒息死亡。少数幸存的犊牛,也多数由于生长发育停滞成为侏儒牛。青年母牛性器官成熟延缓,性周期不规律,受胎率降低,泌乳性能下降,产后胎衣不下。公牛性欲减退,精子品质低劣,精液量也见减少。

实验室检验 碘缺乏症病牛血液中碘含量少于2.4微克/100毫升(血清蛋白结合碘生理含量为 2.4~4 微克/100毫升)。乳汁中碘含量少于 10~30 微克/100 毫升。

【防治措施】

治疗 病区奶牛群最根本和有效的防治措施是补饲碘盐或碘饲料添加剂。对病牛可应用 40% 结合碘油剂 2 毫升,肌内注射,疗效明显。

预防 犊牛宜用浓碘溶液,每日经口投服数滴,连用 1 周时间。妊娠母牛按照食盐 10 千克与碘化钾 1 克的比例，添加在饲料中饲喂。对妊娠后期的母牛，每日补给碘酊 2～5 滴或在饮水中添加 1‰碘化钾液 1 毫升，任其饮用。

锰缺乏症

锰缺乏症是由于长期饲喂锰含量过少的饲草料，在临床上是以成年母牛不妊、犊牛先天性或后天性骨骼变形、生长发育缓慢等为主征的一种地方性疾病。

【病因】

原发性锰缺乏症　由于长期摄取锰含量过少的饲草料所致。当土壤中锰含量在 3 毫克/千克以下、牧草中锰含量在 50 毫克/千克以下时，长期饲喂在这种土地上所生长的饲草料，奶牛群容易发病。

继发性锰缺乏症　多发生于影响锰吸收利用的因素存在时，如饲草料中钙、磷含量过多，可使锰的吸收受阻而利用率降低，从而诱发锰缺乏症。

【诊断要点】

临床症状

①**犊牛锰缺乏症**　食欲明显减退，被毛干燥、退色，四肢驻立姿势异常，如球节肿大、突起并扭转等。关节麻痹，运动障碍，起立困难。有的犊牛出生前即发生以肢腿弯曲为主的佝偻病。不时哞叫，肌肉震颤乃至痉挛性收缩，体质虚弱，体重减轻，肱骨的重量、长度以及抗断性能等均显著降低。死亡率可达 16％～26％。

②**成年母牛锰缺乏症**　除与犊牛的某些症状相同外，还有发情周期延迟、不发情或发情弱，卵巢萎缩，排卵停滞，受胎

率降低或不易受孕,隐性流产,胎儿被吸收,死胎等。公牛则睾丸萎缩,性欲减退,精液质量不良。

实验室检验 血液中锰含量的生理值,成年母牛为 18～19 微克/100 毫升,犊牛为 20 微克/100 毫升。乳汁中锰含量的生理值为 30～40 微克/100 毫升,初乳中为 130～160 微克/100 毫升,可对照此生理值判断血液和乳汁中缺锰情况。

被毛中锰含量降至 8 毫克/100 克以下为可疑锰缺乏症病牛(被毛中锰含量的生理值平均为 12 毫克/100 克)。

【防治措施】

治疗 对锰缺乏症病牛,只要补饲锰添加剂,每日 1 次,每次 2 克,连续数日,对繁殖性能恢复可有较好的效果。

预防 对成年母牛,可饲喂富含锰的饲草料,如青贮和块根饲料,对犊牛可投服硫酸锰 4 克/日,对预防本病有良好作用。但应注意每千克饲料中锰的含量以 20～30 毫克为适宜,千万不要投服或饲喂锰剂量过大。

锌缺乏症

锌缺乏症是由于牛群长期采食或饲喂的饲草料中锌含量过少,临床上是以生长发育缓慢或停滞、皮肤角化不全、骨骼异常或变形、繁殖性能障碍以及创伤愈合延迟等为主征的一种微量元素缺乏症。

【病因】

原发性锌缺乏症 由于奶牛群长期而大量采食或饲喂锌缺乏地带(即锌含量低于 30～100 毫克/千克以下的地带)生长的牧草(其中锌含量少于 10 毫克/千克)和谷类作物饲草料(其中锌含量少于 5 毫克/千克以下),则会使牛群发生锌缺乏症。

继发性锌缺乏症　饲草料中钙盐和植酸盐含量过多时，便与锌结合形成难于溶解的复合物，使奶牛对锌的吸收率降低，导致锌缺乏。饲草料中磷、镁、铁、锰以及维生素C等含量过多以及不饱和脂肪酸缺乏，也可影响对锌的代谢过程，使奶牛群对锌吸收和利用受到阻碍。当奶牛群罹患慢性消化器官疾病，如慢性胃肠炎时，可妨碍对锌的吸收而引起锌缺乏症。

【诊断要点】
临床症状

①**犊牛锌缺乏症**　病犊可持续2周以上时间停止增重，食欲明显减退乃至废绝。在鼻镜、耳根、阴户、肛门、尾根、跗关节、膝皱襞等处的皮肤最易发生角化不全、干燥、肥厚、弹性减退等，并在阴囊、四肢部位呈现类似皮炎的症状，皮肤瘙痒，脱毛，粗糙，蹄周及趾间皮肤皲裂。骨骼发育异常，后肢弯曲，关节肿大，僵硬，四肢无力，步样强拘等。

②**成年牛锌缺乏症**　除皮肤角化不全等症状基本上同于犊牛的以外，尚有繁殖性能下降和创伤愈合延迟等症状。繁殖性能障碍在奶牛群表现为性周期紊乱，发情延迟，不发情或发情后屡配不孕，胎儿畸形，早产，死胎等。公牛表现为性机能减退，睾丸、附睾、前列腺和垂体发育受阻，精子生成障碍，精液量和精子数减少，性机能降低。

实验室检验　锌缺乏症病犊血清锌含量为0.2～0.4微克/毫升以下（生理值为0.8～1.2微克/毫升），成年病牛血清锌含量为18微克/100毫升（生理值为80～120微克/100毫升）。锌缺乏症病牛乳汁中锌含量低于3～5微克/毫升。被毛中锌含量低于115～135毫克/千克。

【鉴别诊断】　本病应与皮肤真菌病（钱癣）、疥螨病等加以鉴别。

(1)**皮肤真菌病**　是由疣状毛(发)癣菌引起的人畜共患传染病。在临床上以局部皮肤上形成界限明显的圆形脱毛病灶(癣斑)、渗出液和痂皮等病变为特征。俗称钱癣或脱毛癣。留有残毛或裸秃病灶,被以鳞屑、痂皮,皮肤皲裂、变硬。有时发生丘疹、水疱和表皮糜烂。好发部位:病初限于眼眶和头部,随后蔓延到胸、臀、乳房、会阴,甚至全身。有程度不同的瘙痒症状。采集病料镜检,可发现致病性真菌菌体成分——菌丝和孢子等,容易确诊。

(2)**疥螨病**　系疥螨属的螨寄生于牛体表引起的寄生虫病。临床上以皮疹和瘙痒为特征。本病在冬季发病较多、较重。牛群患病初期多局限于头部和颈部,随后蔓延到腹部、阴囊等处。局部皮肤出现小结节、小水疱。有痒感,尤以夜间在温暖厩舍条件下瘙痒更加严重,病牛自行咬啃或与他物摩擦,造成皮肤擦伤后,局部破溃、脱毛、流有渗出液并形成痂皮,日久皮肤增厚,出现皱褶和皲裂。通过镜检病料,可发现致病性螨虫,可以确诊病性。

【防治措施】

治疗　除经口投服硫酸锌每日 2 克,或肌内注射硫酸锌注射液(剂量为每周 1 克)等以外,对犊牛锌缺乏症可连续经口投服硫酸锌,剂量为 100 毫克/千克体重,连用 3 周后可望痊愈。

预防　对放牧或饲养在锌缺乏地带的奶牛群,平时要严格控制饲草料中钙含量(0.5%～0.6%),同时宜在饲草料添加硫酸锌 25～50 毫克/千克混饲,但应注意防止锌中毒(以不超过 500～1 000 毫克/千克剂量较为稳妥)。

在饲喂新鲜青绿牧草时,适量添加一些大豆油,对预防和治疗锌缺乏症都有较好的效果。

硒缺乏症

硒缺乏症又称白肌病、犊牛硒反应性衰弱症。本病是由于长期饲喂缺硒的饲草料，在临床上是以营养性肌萎缩、生长缓慢以及成年母牛繁殖性能障碍等为主征的地方性微量元素缺乏症。

【病因】

原发性硒缺乏症　由于土壤、饲草料中硒含量过少，如土壤中硒含量在 0.5 毫克/千克以下，饲草料中硒含量低于 0.1 毫克/千克干物质，均可使牛群发病。

继发性硒缺乏症　当土壤中硫化物含量过多（多因施用硫肥料所致）或摄取的饲草料含硫酸盐量过大时，由于硒与硫两者呈拮抗作用，势必要降低牛群对所吃进的饲草料中硒的吸收和利用率，导致硒缺乏症。

另外，突然使牛群尤其是犊牛群过度运动，长途运输和天气骤变等应激作用，都可成为本病发生的诱因。

【诊断要点】

临床症状

①急性硒缺乏症　多发生于 10～120 日龄犊牛，突然发病，心搏动亢进，心跳加快（140 次/分钟），心音微弱，节律不齐。共济失调，不能站立，多被迫躺卧地上。在短时间内，多数死于心力衰竭。

②亚急性硒缺乏症　以运动、循环和呼吸机能障碍为主要症状。病犊牛精神委靡不振，运步缓慢，步态强拘，站立困难，多数病牛最终陷入全身麻痹。体温接近正常。心搏动亢进，

心音微弱。呼吸数加快达每分钟 70～80 次,呼吸浅表,以腹式呼吸为主,咳嗽,有时流有血液、黏液性鼻漏,肺泡音粗厉。四肢肌肉颤抖,颈、肩和臀部肌肉变硬、肿胀。有的全身出汗。病牛被迫躺卧地上,四肢侧伸,头抬不起来。舌和咽喉肌肉变性,使牛犊吸吮或采食动作发生困难,磨牙。一般多在 1～2 周内死亡。

③慢性硒缺乏症　症状基本同于亚急性,病程较慢。尚表现生长发育缓慢,消化不良性腹泻,消瘦,被毛粗刚,无光泽。脊柱弯曲,全身乏力,喜卧而不愿站立。成年奶牛繁殖性能降低,胎衣不下或死胎。继发异物性肺炎或重剧性胃肠炎时,其死亡率达 15%～30%。

病理变化　臀、肩胛、背腰、心肌、膈肌和舌肌,尤其是运动量较大的背部、后肢肌肉群病变严重,多呈对称性病变。肌肉退色,呈煮肉样或鱼肉样外观,并与肌纤维呈平行的灰白-黄白色条纹。心肌变性严重的病牛,其心脏近似球形,心室扩张,心肌壁变薄(左心室最明显),心内膜多有变性病灶,同时在膈和乳头肌也有病变。血清中硒含量在 0.03 毫克/100 毫升以下。

【防治措施】

治疗　定期肌内注射亚硒酸钠注射液,剂量为 3 毫克/50 千克体重,或经口投服亚硒酸钠液 10 毫克/50 千克体重,间隔 2～3 天再投服 1 次。也可配合应用维生素 E 注射液,剂量为 150 毫克/50 千克体重,皮下注射,连用 3～5 日。

预防　通常采取补硒措施,如定期肌内注射亚硒酸钠注射液或经口投服硒盐或硒添加剂。饲喂富硒土地上生长的饲草料。

对妊娠母牛,可在分娩前 1～2 个月,应用亚硒酸钠0.1～

0.2毫克/千克体重和维生素 E 750～1 000 毫克/日,混合后添加在饲草料中饲喂。或在妊娠母牛分娩前,每隔 2 周,皮下注射亚硒酸钠注射液(硒含量 50～60 毫克)和维生素 E 注射液(剂量为 100～200 毫克)。刚出生的犊牛,可用亚硒酸钠注射液(剂量为 3～5 毫克)和维生素 E 注射液(剂量为 50～150毫克),混合后皮下注射,间隔 2 周后再注射 1 次。

钴和维生素 B_{12} 缺乏症

钴、维生素 B_{12} 缺乏症是由于日粮中缺钴以及维生素 B_{12} 合成机能受到阻碍,临床上以厌食、异嗜、营养不良、消瘦、贫血等为主征的慢性营养代谢性疾病。

本病犊牛、成年奶牛和公牛都可发生,其中犊牛比成年奶牛的病势重。在相同饲养条件下,泌乳性能高的奶牛较易发病。发病季节在早春至初夏之间。

【病因】 ①长期将牛群放牧在土壤中缺钴(钴含量 0.25 毫克/千克以下)的牧场上,持续饲喂缺钴(0.04～0.07 毫克/千克干物质)草料的奶牛群,多有发病的报道。②凡能阻碍成年奶牛瘤胃合成维生素 B_{12} 的因子或疾病,均可导致钴、维生素 B_{12} 缺乏症。

【诊断要点】

临床症状 可视黏膜淡染或苍白,皮肤变薄,肌肉乏力与松弛,被毛无光泽,换毛延迟,体表残留皮垢(鳞屑),流泪,食欲废绝,消瘦,贫血和胸前、腹下水肿等。犊牛生后发育缓慢,体重较轻,随饮、食欲废绝之后,反刍、瘤胃蠕动减弱乃至停止。多数病牛发生便秘,排出鸽卵大小的粪球,少数腹泻排出稀软粪便。由于病牛急剧性衰竭和重度贫血,结局多数死亡。

犊牛贫血系小红细胞性、低血红蛋白性贫血。泌乳奶牛产奶量明显下降，性周期延迟，甚至不发情、不受孕。妊娠母牛多产软弱犊牛或死胎等。当确诊病性或可疑为本病时，宜应用氯化钴制剂（钴含量 3～35 毫克/日），经口投服，历时 5～7 日为一疗程。往往通过上述治疗后，不但使顽固性厌食等症状消失，而且也有助于对本病病性的诊断。

实验室检验 血液中红细胞数为 200 万～350 万个/立方毫米（属红细胞大小不匀症和小红细胞性、低血红蛋白性贫血血象）。血红蛋白含量为 8 克/100 毫升（生理平均值为 12.9 克/100 毫升）。血浆钴含量为 0.2～0.8 毫克/100 毫升，血浆维生素 B_{12} 含量为 0.16～0.19 微克/毫升（生理值为 4～6 微克/毫升）。

肝脏中平均钴含量为 0.041～0.07 毫克/100 克，肝脏维生素 B_{12} 含量为 0.1 微克/克（生理值为 0.3 微克/克）。

【防治措施】

治疗 ①对病牛经口投服氯化钴 5～35 毫克/日，开始用大剂量，逐渐减至小剂量，持续 2～3 个月便见效果。②同时还可经口投服维生素 B_{12} 制剂，按饲喂饲料的 0.0017%～0.0033% 的比例混饲。③对重型病牛，可用维生素 B_{12} 和右旋糖酐铁合剂 4～6 毫升，每 3 日肌内注射 1 次。也可用维生素 B_{12}（氰钴胺）注射液 1～2 毫克，1 次肌内注射，每日或隔日 1 次。④近来应用新研制的氧化钴和铁制成的丸剂，置放于瘤胃内消化、吸收，既方便适用，又具有显著效果。

预防 对缺钴地区，可向土壤中施用钴盐肥料，一般按每公顷每年施用 400～600 克。为了预防发病，还可给奶牛混饲钴添加剂，每日剂量为 0.3～2 毫克。在钴缺乏的土壤中，可推荐应用复合钴制剂矿盐，让奶牛自由舔食，可收到明显效果。

（生理值为 10 微克/100 毫升以上），血浆中胡萝卜素含量为 9 微克/100 毫升（生理值为 150 微克/100 毫升）。

在肝脏活组织中，维生素 A 含量为 3 微克/克（生理值为 50～300 微克/克），犊牛肝脏活组织中维生素 A 含量为 0.3 微克/克（生理值为 10～50 微克/克）。

【防治措施】

治疗　当牛群发生本病初期，全牛场立即调整饲草料，供应富含维生素 A 或胡萝卜素的新鲜青草、胡萝卜多汁饲料、优质干草和维生素 A 强化饲料，同时对病牛从速应用维生素 A 制剂，剂量按正常需要量（30～40 单位/千克体重）的 10～20 倍，即 300～400 单位/千克体重，肌内注射，每日 1 次或 2～3 日 1 次，连用 7 日为一疗程。也可应用维生素 AD 注射液 5～10 毫升，肌内注射，每日 1 次，连用 7 日。

预防　①做好全年饲草料的贮备工作，备足富含维生素 A 和胡萝卜素的饲草料，如苜蓿、优质干草和多汁饲料胡萝卜等。奶牛体重在 500 千克、时处 5～6 月份，饲喂的青绿饲草每天不能少于 3～4 千克。冬季胡萝卜素奇缺时，务必补饲维生素 A 添加剂或鱼肝油制剂。②加强犊牛和育成牛群的饲养，对初生犊牛及时供应初乳，保证足够的喂乳量和哺乳期，不要过早断奶。在饲喂代乳品时，要保证质量和足够的维生素 A 含量。给牛群提供良好的环境条件，防止牛舍潮湿、拥挤，保证通风、清洁、干燥和日光充足。运动场地要宽敞，可以任牛只自由活动。

维生素 D 缺乏症

维生素 D 缺乏症是由于牛自身皮肤或所摄取的日粮草料受日光照射不足所致。临床上以食欲不振、生长发育缓慢以及骨组织营养不良为主征。

【病因】 维生素 D_2 经牛皮肤颗粒层中的 7-脱氢胆固醇在波长 297～320nm（纳米）日光中紫外线照射后，才可转化为胆骨化醇（维生素 D_3），贮存于肝脏中，供给牛生长发育使用。如日光中紫外线照射不足，就会阻碍牛皮肤中维生素 D_3 的转化，从而导致维生素 D 缺乏症。

绿色植物叶中含有麦角固醇，收割后的青草，在波长280～330 纳米紫外线照射后，大部分可转化为麦角骨化醇（维生素 D_2），能被牛机体吸收和利用。青绿饲料收割后受日光曝晒不足，就阻碍了麦角固醇向胆骨化醇（维生素 D_2）的转化，牛吃了这样的青绿饲料，就不能满足牛机体对维生素 D 的需要。

【诊断要点】

临床症状 犊牛、妊娠母牛和泌乳母牛生长发育缓慢，泌乳性能明显降低。饮食欲大减，营养不良，消瘦，被毛粗刚、无光泽。掌骨、跖骨肿大，前肢向前或侧方弯曲，膝关节也肿大并有拱背等异常姿势。随病情发展，病牛精神沉郁，呆立不动，步态强拘、跛行。感觉过敏，抽搐，甚至强直性痉挛，被迫躺卧地上不能站起。由于严重的胸廓变形，引发呼吸促迫或呼吸困难，有的伴发前胃弛缓和瘤胃臌气。泌乳母牛产奶量大减，妊娠母牛多发生早产或产出体质虚弱、畸形的犊牛。

【防治措施】

治疗　增加日光照射、饲喂豆科饲草料，对病犊牛应用维生素 D_2 制剂，剂量为 2.5 万～5 万单位，皮下或肌内注射，每日或隔日注射 1 次，连用 7 日为一疗程。维生素 AD 注射液，每次 15～20 毫升，肌内注射。

预防　对不同发育阶段的牛群，如犊牛、育成牛和成年牛等，补饲动物性蛋白饲料，尤其是鱼、肝、鱼油之类。必要时还可肌内注射维生素 AD 制剂，每次 5～10 毫升，维持一段时间。注意日粮中钙、磷含量及其比例。

维生素 E 缺乏症

维生素 E 缺乏症是由于牛群饲喂青绿饲草过少，特别是饲喂接近成熟的青绿饲草少，导致维生素 E 缺乏，临床上以肌肉营养不良和肝营养性坏死等为主征。

【病因】

原发性病因　由于长期饲喂劣质干草、稻草、根茎类、豆壳类，以及长期贮存的干草和陈旧青贮等，缺乏维生素 E 成分，导致牛心肌、骨骼肌和肝组织坏死而发病。

继发性病因　牛群包括犊牛往往是由于饲喂富含不饱和脂肪酸的动物性和植物性饲料，使维生素 E 过多消耗（因为不饱和脂肪酸被吸收后，其游离根要和维生素 E 结合），导致维生素 E 相对缺乏而发病。

此外，各种应激反应，如天气恶劣、长期运输或运动过于剧烈、体温升高，营养高度不良以及亮氨酸不足等，均可成为本病发生的诱因。

【诊断要点】

临床症状 ①急性的以心肌尤其以左心室肌肉凝固性坏死为主要病理特点。病犊牛每当进行中等程度运动时,便可突发心搏动亢进,心跳加快(达110～120次/分钟),节律不齐和第一心音微弱。常因心力衰竭而急性死亡。②慢性以骨骼肌深部肌束和肝组织发生营养性变性和严重性坏死等为病理特点。病牛精神委靡不振,食欲大减甚至废绝。不爱活动,驻立时肌群震颤,走路步样强拘,易于疲倦。由于四肢站立困难,多被迫躺卧地上而不起。体温稍有升高,呼吸频速,以腹式呼吸为主。肺部听诊有湿性啰音。肝脏压诊敏感,初期有疼痛,叩诊界扩大或缩小,有的眼结膜黄染,腹水增多。尿频而量少,尿呈红褐色,酸性反应。严重病牛多陷于全身性麻痹,当咽喉肌肉变性、坏死时,由于不能采食和呼吸困难等原因,在短暂几天内便窒息死亡。也有的经过治疗可望好转,但四肢驻立仍感困难,多被迫卧地。

实验室检验 血液中血清谷草转氨酶活性增高达300～900单位(生理值低于100单位)。尿液中尿蛋白呈阳性反应。肌酸酐含量为1～1.3克/24小时(生理值为200～300毫克/24小时)。

病理变化 主要病理变化在心肌、骨骼肌和肝脏。心肌尤其以左心室肌肉出现白色或灰白色与肌纤维平行的条纹病灶。骨骼肌色淡。常发部位为肩胛、背腰和臀部肌肉以及膈肌等,有斑块状混浊的坏死病灶。肝脏毛细血管扩张,肝小叶萎缩及肝细胞坏死(即所谓牛锯木屑肝)。

【防治措施】

治疗 对病牛宜改喂富含维生素E的饲草料,严格采取牛舍、牛体保温和禁止运动等措施。在治疗上应用大剂量维生素 E 制剂,剂量为 750～1 000 毫克/日,肌内注射;或用维生素 E 制剂与亚硒酸钠注射液,剂量 30～50 毫克(犊牛 1 次量)肌内注射,其疗效更为明显。

预防 对妊娠母牛宜在分娩前 1～2 个月内,混饲维生素 E 制剂 750～1 000 毫克和亚硒酸钠 30～50 毫克,隔几周后再按上述剂量混饲 1 次。对新生犊牛,可应用维生素 E 制剂 100～150 毫克,皮下或肌内注射;同时也可用亚硒酸钠注射液 60 毫克,肌内注射。隔 2～4 周后再皮下或肌内注射 1 次维生素 E 制剂 500 毫克,可收到预期效果。

第六章　乳腺疾病

乳 房 炎

　　乳房炎是奶牛最常见的一种疾病。分临床型和隐性乳房炎两种。临床型乳房炎造成产乳量的下降,炎症奶废弃。

　　隐性乳房炎流行面广,是临床型乳房炎的 15～40 倍。产乳量降低 4%～10%。乳的品质大大下降,乳糖、乳脂、乳钙减少,乳蛋白升高、变性,钠和氯增多。隐性乳房炎是临床型乳房炎发生的基础,其发病率是健康牛的 2～3 倍。牛场因乳房炎造成的经济损失巨大,难以估计。

　　【病因】

　　病原微生物感染　病原微生物由乳头管口侵入是乳房炎发生的主要原因。主要的病原菌是无乳链球菌、停乳链球菌、乳房链球菌、金黄色葡萄球菌、大肠杆菌,以及病毒、真菌和支原体(霉形体)等。

　　饲养管理不当　常见有奶牛场环境卫生差,运动场潮湿泥泞,粪、尿、污水淤积,不及时清除;未严格执行挤乳操作规程,洗乳房水不清洁,更换不及时,挤奶时过度挤压乳头,挤奶机器不配套。抽吸时间过长,乳房及乳头外伤以及挤奶员技术不熟练等。

　　毒素的吸收　如饲料中毒、胃肠疾病、胎衣不下、子宫内膜炎、结核病、布鲁氏菌病时,由于毒素的吸收和病原菌转移,皆可引起乳房炎。

【诊断要点】

　流行特点　乳房炎全年皆有发生。从每年6月份开始,以7,8,9三个月份为发病高峰期,约占全年发病的44%,呈现出明显的季节性。

　乳房炎发生的泌乳月份以1,2,3,7,8泌乳月多发,即泌乳初期和停乳时发生多。

　临床型乳房炎　急性病例的特征是乳房发红、肿胀、变硬、疼痛,乳汁异常,奶量减少。体温升高至40℃以上,食欲减退或废绝,脉搏增速,脱水,精神沉郁。亚急性病例,乳汁呈水样,含絮片和凝块。乳房轻度发热、肿胀,最后乳房萎缩,成"瞎乳头"。

　隐性乳房炎　其特征是乳房和乳汁无肉眼可见异常,然而乳汁在理化性质、细菌学上发生明显变化,pH值在7以上,呈偏碱性,乳内含奶块、絮状物、纤维,氯化钠含量增加至0.14%以上。体细胞数升高至50万个/毫升以上,细菌数和电导值增加。

　现常用的诊断方法:加州乳房炎试验(C.M.T)、牛旁试验。操作方法是,在诊断盘(深1.5厘米、直径5厘米的乳白色平皿)内加被检乳样2毫升,再加C.M.T诊断液2毫升,平置诊断盘并使呈同心圆旋转摇动,使乳汁与诊断液充分混合,经10～30秒后,根据表6-1的标准判定。

【防治措施】

　治疗　①消炎,抑菌,防止败血症。青霉素80万单位,蒸馏水50毫升,乳头内注入,每日于挤奶后注入。青霉素300万单位,或四环素30万单位,静脉或肌内注射,每日2次。②全身疗法:对于重症病牛可用葡萄糖生理盐水1 000～1 500毫升、25%葡萄糖液500毫升,维生素C和维生素B各适量,静脉注射,每日 2 次。为了防止酸中毒,可用 5％碳酸氢钠液 500 毫升,一次静脉注射。

表 6-1　加州乳房炎试验(C.M.T)判定标准

反　应	乳汁反应	反应物相应总细胞数(万/毫升)	嗜中性球(％)
阴性(一)	混合物呈液状,盘底无沉淀	0～20	0～25
可疑(±)	混合物呈液状,有微量沉淀,摇动后沉淀物消失	15～50	30～40
弱阳性(＋)	有少量黏性沉淀,不呈胶状,摇动时,沉淀物散布盘底,有一定粘附性	40～150	40～60
阳性(卅)	沉淀物多而黏稠,流动性差,微呈胶状,旋转诊断盘,凝胶物聚中,停转时,呈凹凸状附于盘底	80～500	60～70
强阳性(卅)	沉淀物呈凝胶状,几乎完全粘附于盘底,旋转诊断盘,凝胶物呈团块,难散开	500 以上	70～80
碱性乳	混合物呈淡紫红色、紫红色,或深紫红色(pH 值 7.0 以上)		
酸性乳	混合物呈淡黄色、黄色(pH 值 5.2 以下)		

预　防

①加强挤奶卫生,保持环境和牛体清洁卫生　运动场要干燥,粪便及时清除;严格执行挤奶操作规程,洗乳房水要清洁、要勤换;挤奶机要及时清刷。目前,有的牛场采用"两次药

浴,一次纸巾干擦"的方法,即先用药液浸泡乳头,然后用纸巾干擦,再上机挤奶,此法在生产中应用收到较好效果。

②定期进行隐性乳房炎监测　对桶奶和母牛个体定期进行奶中体细胞测定,根据细胞数的多少,判定隐性乳房炎的流行现状,并采取相应措施。

③乳头药浴　每次挤奶后 1 分钟内,应将乳头在盛有 4%次氯酸钠、0.3%～0.5%洗必泰,或 0.5%～1%碘伏的药浴杯内浸泡 0.5 分钟。每天、每班坚持进行,不能时用时停。

④干奶期预防　泌乳期末,每头母牛的所有乳区都要用抗生素进行治疗。药液注入前,要清洁乳头,乳头末端不能有感染。

⑤淘汰慢性乳房炎病牛　这些病牛不仅奶产量低,而且从乳中不断排出病原微生物,已成为感染源。

乳房浮肿

乳房浮肿又叫称乳房浆液性水肿。是由乳房、后躯静脉循环障碍及乳房淋巴循环障碍所致的乳房明显肿胀。其临床特征是肿胀的乳房无热、无痛,按压有凹陷。

【病因】

(1)干奶期饲养不当　主要表现为干奶期精饲料喂量过多,日粮中食盐用量过大。

(2)机体本身变化　分娩前,母牛乳房血流量增加,乳静脉压增高而淋巴液积聚,雌激素分泌增强以及妊娠期过长、胎儿过大等,皆可引起本病。

(3)运动不足　运动场狭小,牛群饲养密度过大,产前母牛运动不足。

【诊断要点】

发病特点 头胎牛比经产牛发病多,乳房悬垂、产奶量高的牛发病多,临产前浮肿最明显。

临床症状 最初,乳房皮肤充血,乳房极度扩张、膨胀,内充满乳汁,按压可留下指痕;乳房皮肤增厚,触压坚实,有的见有数条裂纹,从中渗出清亮的淡黄色液体。轻度浮肿发生于乳房基底前缘和下腹部。严重的浮肿可波及到胸下、会阴及四肢,乳房下垂,后肢张开,运步困难,由于运步时摩擦,常见乳房基部与股内侧溃烂。典型的乳房浮肿是 4 个乳区全部被侵害,也有侵害半侧或 1 个乳区的。乳房、乳头现水肿,皮肤发凉,无痛感,触诊似掐面粉袋样,乳量少,乳汁无肉眼可见异常。精神、食欲正常,全身反应轻微。病时长者,乳房皮肤增厚而失去弹性,乳房内有硬块或使乳腺萎缩,产奶量下降。严冬季节,有的会发生冻疮,皮肤暗紫色,并发生坏疽。

【鉴别诊断】

(1)**与乳房血肿的区别** 乳房血肿时,肿胀仅局限于乳房,触诊乳房有温热、痛感,挤出的乳汁呈红色或暗红色,内含有血凝块。

(2)**与乳房炎的区别** 轻度乳房炎乳房肿大不明显,而严重乳房炎时,除乳房肿胀明显外,并有局部温热、痛感,乳汁异常,仅能挤出几把黄水,病牛体温升高,食欲减退或废绝。

【防治措施】

治疗 对乳房浮肿病牛,产后应控制精料、多汁饲料喂量和限制饮水,供应充足优质干草,多数浮肿能逐渐自行消退,不需治疗。治疗可用以下方法:

①药物治疗 一是涂布刺激剂,促进血液循环。常用樟脑软膏、松节油、碘软膏、20%～50%酒精鱼石脂软膏,于乳房皮

肤上涂布。二是利尿。速尿 500 毫克，肌内注射，每日 1 次；乙酰唑胺 1 克，肌内注射，每日 1 次。三是激素疗法。氯地孕酮 1 克，1 次内服，连服 3 日。三氯甲噻嗪 200 毫克，地塞米松 5 毫克，1 次内服。

②手术穿刺　选择浮肿最低位置，避开皮下静脉，用静脉注射针头对皮肤穿刺 2～3 个针眼，让液体由孔内流出。

预防　加强干奶期母牛的饲养管理，严格控制精饲料和钠盐、钾盐的喂量，加强运动，保证充足的干草采食量。

乳头管和乳池狭窄

乳头管和乳池狭窄是奶牛乳头的常见病，多为后天造成。主要是乳头管狭窄。其临床特征是挤奶异常或挤不出奶。

【病因】

乳头管狭窄　主要是由于挤奶方法不正确，如拇指弯曲式挤奶，以突出的拇指关节压迫乳头，长期刺激乳头管，引起黏膜发炎、组织增生而造成；乳头末端受到损伤或发炎，引起乳头管黏膜下及括约肌间结缔组织增生，形成瘢痕而导致管腔狭窄。

乳池狭窄　通常由慢性乳房炎或乳池炎引起，或由粗暴的挤奶方法造成乳头挫伤引起，或由于乳池棚、乳头乳池黏膜下结缔组织增生肥厚、肉芽肿、瘢痕、黏膜面的肿瘤等引起。

【诊断要点】

临床症状

①乳头管狭窄　挤奶困难，乳汁呈细线状，甚至呈点滴状排出。乳头管口狭窄，挤奶时乳射向一侧或四方。乳头管闭锁，

乳池充满乳汁,但挤不出奶。捏捻乳头末端可感觉此处括约肌较厚,有结实感,在其中央有一条状凹陷,这为正常的乳头管。乳头管狭窄时,就会感到该处有形状各异、质度和大小不同的增生物。乳头管闭锁,有的仅为一薄膜则感觉不到。

②**乳池狭窄**　有乳池棚肉芽肿、乳池黏膜泛发性增厚、肿瘤、乳池闭锁。

肉芽肿多发生在乳池棚及其周围,形成环状、半环状、乳头状或块状隆起,使乳腺乳池与乳头乳池间通道变窄,甚至阻塞,影响乳的下降。指捏乳头基部,可触知有结节,不能移动。挤奶时,乳头乳池充涨减慢,完全阻塞时在挤出乳池中原存的奶后,乳头不再充涨,无奶挤出;阻塞使乳池通道闭锁时,乳头瘪细,无奶可挤。

探针探查　探针从乳头管插入,可以探到乳头管和乳池狭窄的部位、程度和质地。狭窄严重或闭锁时,探针通过困难或不能通过,闭锁为膜状的,探查时探针可将膜捅破。

【防治措施】

治疗　乳池黏膜泛发性增厚,使乳池腔变窄,贮乳减少,触诊感觉乳池壁变厚,挤奶时射乳量不多。乳池黏膜面肿瘤,触诊可感觉到有新生物,不能移动,小的妨碍挤奶,大的不能挤奶。前者治疗困难。后者现有人用锐匙、剑形刀、隐刃刀等器械,将硬结块、增生物切除,认为效果不错。

预防　严格执行挤奶操作规程,提高挤奶技术,手挤不要过分用力挤压乳头,机器挤奶时真空压力不要过大,挤完奶要及时取下乳杯,不要跑空机,防止乳头黏膜损伤,这是预防本病惟一有效的措施。

血 乳

乳房受外力作用,致使输乳管、腺泡及其周围组织血管破裂,血液进入乳汁。外观呈淡红色或血红色。为奶牛的常见病。

【病因】 分娩后,母牛乳房肿胀,乳房水肿严重,乳房下垂,牛在运动或卧地时,常会受后肢挤压;牛出入圈舍时相互拥挤;突然于硬地上滑倒;运动场不平,有碎砖、石子、瓦片及冬天寒冷、冰冻的粪块等对乳房作用,皆可引起乳房发生机械性损伤,使乳房内血管破裂。

【诊断要点】

临床症状 突然出现血乳,乳房肿胀,稍有热感,挤奶时稍有痛感,牛只不安、躲避。轻症者,奶呈粉红色,重症者奶呈鲜红色、棕红色,其中含有暗红色血凝块。通常全身反应轻微,精神、食欲和泌乳正常。

【鉴别诊断】 注意与出血性乳房炎的区别。出血性乳房炎时,半个或整个乳房红、肿、热、痛,炎性反应明显。乳汁稀薄如水,呈淡红色或深红色,量少。全身反应严重,体温升高至41℃,食欲减退或废绝,精神沉郁。

【防治措施】

治疗 对病畜加强护理,减少精饲料和多汁饲料喂量,限制饮水。保持乳房安静,严禁按摩和热敷乳房。一般经3~10天乳汁可自行恢复正常。

①为促进恢复,可用止血药 止血敏10~20毫升,肌内注射;仙鹤草素注射液30~40毫升,1次肌内注射,每日2~3次;安络血20毫升(含安络血100毫克),1次肌内注射,每日2~3次。

②促进乳房炎症消退，防止继发感染　青霉素 250 万～300 万单位，1 次肌内注射，每日 2 次，连注 3 日。

预防　加强管理，提供优良的外界生存环境，减少不良因素对乳房的作用。保持运动场干燥、平坦，及时清除粪便、石子、瓦片，冬季铺垫褥草，平时铺垫沙土。

乳头状瘤

乳头状瘤是由牛乳头状瘤病毒引起的体表皮肤或黏膜的慢性增生性疾病。也称为"疣"。奶牛以乳头上最为常见，为良性肿瘤。

【病原】　本病病毒属乳多空病毒科的乳头状瘤病毒属。通过接触传染。已知病毒有 I 型至 Ⅵ 型。乳房或乳头上的鳞状乳头状瘤，由 I 型或 Ⅵ 型所致。场内消毒不严，未严格的执行挤奶规程，以及牛舍狭窄，牛只拥挤，各种外伤引起乳头、乳房的创伤等，都可促进本病的发生。

【诊断要点】

临床症状　乳头、乳房的瘤体呈多形性，皮肤上的突起，不侵害乳管，一般对奶牛影响较小，但当瘤体生长旺盛，数目增多，瘤体外形较大时，可使挤奶困难，特别是机器挤奶时影响乳杯的放置。当有外力作用时，瘤体损伤、扯掉，引起奶牛疼痛。乳头末端的瘤体，挤奶困难，加上环境污染，极易引起乳房炎。

病理变化　瘤体呈多形性，由小结节至乳头状，侵害部位的上皮肥厚，皮肤乳头变长。

【防治措施】

治疗　多数瘤体可自然脱落，不需治疗而愈。如瘤体多而

大时,可用以下方法治疗:

①结扎法　用细绳由基部绑缚数日。适用较大的瘤。

②涂药法　涂擦冰醋酸、氢氧化钾溶液,每日 3～4 次,连续数日。

③切除法　从瘤体基部用外科刀切除,创面涂布 10%碘酊。

④自身苗注射法　取自身瘤组织 1 份,加生理盐水 9 份,混匀,过滤,4℃以下保存。给牛皮下注射 1～5 毫升,每周 1 次,连注 3 次。

预防　①严格执行挤奶卫生操作规程,减少乳头皮肤创伤。运动场要清洁、干燥,洗乳房的用具为毛巾应专用,1 头牛 1 巾,挤奶乳杯及时清洗,应挤完 1 头牛后即清洗、消毒,然后再重新使用。坚持乳头药浴。②加强消毒和卫生工作,减少感染途径。病牛隔离、单独饲养、挤奶。其用具与健康牛分开。全场定期消毒,用 2%火碱溶液喷洒牛栏地面。

酒精阳性乳

酒精阳性乳是指与 68%～70%酒精发生凝结现象的乳的总称。分高酸度和低酸度酒精阳性乳两种。

高酸度酒精阳性乳:指乳的滴定酸度增高(0.2 以上),与 70%酒精凝固的乳。主要是在挤乳过程中,由于挤乳机管道、挤乳罐消毒不严,挤奶场环境卫生不良,牛奶保管、运输不当以及未及时冷却等,致使细菌繁殖、生长,乳糖分解成乳酸,乳酸升高,蛋白变性所致。

低酸度酒精阳性乳:指乳的滴定酸度正常(0.1～0.18),乳酸含量不高,与 70%酒精发生凝固的乳。这种乳在欧洲、前苏联和日本普遍发生。据日本调查,酒精阳性乳可占总乳量的5%～12%。

多年来酒精试验已成为乳品厂收购奶时所惯用的监测牛奶质量的方法,常用来作为评定牛奶酸度变化的依据。凡属酒精阳性乳多按不合格处理,致使大批牛奶被废弃。

【原因】

(1)日粮不平衡　可消化粗蛋白质(DCP)和总消化养分(TDN)的过量或缺乏。据调查,泌乳牛空怀时饲料不足,营养缺乏,妊娠中的泌乳牛饲料过剩,发病率较高,其原因是营养不足或饲料中蛋白质过高,使肝功能障碍所致。

(2)矿物质不足或过量　乳中的矿物质来源于饲料。日粮中矿物质钙、磷、镁、钠等的含量及比例直接影响牛乳矿物质含量的变化。饲喂过多钙时,乳中钙离子增加,分泌的乳呈酒精阳性反应;碳酸钙喂量过多,钙、磷代谢紊乱。

(3)疾病的并发　各种潜在性疾病如肝功能障碍、繁殖疾病、骨软症等,都易出现酒精阳性乳。

(4)促使发病的因素　各种不良外界条件皆可能成为酒精阳性乳发生的诱因。例如酷热、寒冷、气温突然改变、降雨、挤奶过度、牛棚阴暗潮湿、通风不良、刺激性气体等应激因素对牛的刺激,引起内分泌系统机能紊乱,使乳腺组织分泌乳汁异常。

【诊断要点】

(1)酒精试验　取70%酒精2毫升注入试管内,再加等量(2毫升)的牛奶,轻轻震荡,使之充分混合,经半分钟后,出现微细颗粒或絮状凝结者,即为酒精阳性乳。

(2)酒精阳性乳的成分　酒精阳性乳外观无任何肉眼可见异常。乳成分与正常乳无差异(表6-2),仅在做酒精试验时才被发现。

表 6-2　酒精阳性乳的成分

结　果	样品数	水　分 $\overline{X}\pm sx$	干物质 $\overline{X}\pm sx$	粗蛋白质 $\overline{X}\pm sx$	粗脂肪 $\overline{X}\pm sx$
酒精阳性乳	8	88.17 ± 0.792	11.8 ± 0.79	3.44 ± 0.63	3.18 ± 0.23
正常牛乳	4	89.0 ± 0.213	11.0 ± 0.79	2.46 ± 0.41	2.79 ± 0.09
t 测验		$P>0.05$	$P>0.05$	$P>0.05$	$P>0.05$

（3）酒精阳性乳牛的变化　酒精阳性乳突然发生,其母牛无任何临床表现,精神、食欲、泌乳及全身状况正常,经对血液学及其生化学检查,红细胞、白细胞数降低,嗜酸性白细胞增多。高血钾、高血氯、低血钠,这是应激综合征的临床表现。

【防治措施】

治疗　药物治疗的目的是调节机体全身代谢,解毒保肝,改善乳腺机能和抗过敏。①柠檬酸钠 150 克,每日分 2 次内服,连服 7 日。②磷酸二氢钠 40～70 克,1 次内服,每日 1 次,连服 7～10 日。③2％甲基脲嘧啶 20 毫升,1 次肌内注射;硫胺素注射液 50 毫克,1 次肌内注射。④为解除过敏,可试用激素治疗,地塞米松 5 毫克,1 次内服。氢化可的松 0.3～0.6 克,1 次肌内注射,每日 1 次。

预防　迄今为止,对于酒精阳性乳发生的绝对因子尚未发现,也无特效防治方法。加强饲养管理,减少各种应激因素对奶牛的刺激,增强机体抵抗力,则是预防酒精阳性乳的惟一途径。

①加强饲养,管理供应日粮　日粮应依奶牛不同生理阶段的营养需要合理供应,特别是可消化粗蛋白质和总消化养分不能过多或不足,保证优质干草如羊草、苜蓿的进食量。充

分重视矿物质的供应,尤以钙、磷、钠、镁含量与比例更为重要,防止不足或过量。

②加强管理,减少应激因素的作用 饲料要稳定,不能随意更换。搞好饲料保管工作,严禁饲喂发霉、变质、腐败饲料。搞好环境卫生,提供良好的生存环境。牛舍要通风、宽畅,运动场要平坦、干燥。炎热季节,做好防暑降温工作,如安排风扇,设置防雨遮荫凉棚;严寒季节,做好防寒保暖工作,如设置防风墙,运动场内铺垫褥草等。

第七章　产科与繁殖疾病

流　产

流产也叫妊娠中断。是由于各种原因的作用,使妊娠期间胎儿与母体之间的正常关系遭到破坏,致使胎儿早期死亡,或从子宫内排出死亡的或不足月的胎儿。

【病因】

(1)非传染性流产

①饲养不当　日粮单纯,营养不良,矿物质如钙、钴、铁、锰、硒及维生素 A,维生素 D 和维生素 E 等不足或缺乏,母体和胎儿得不到必需的营养。饲料品质不良,饲喂发霉变质的饲料。

②管理不良　牛舍阴暗潮湿、狭窄,妊娠牛腹部遭受压挤、冲撞、蹴踢,饲养员惊吓、抽打,在水泥及冰冻地面上突然滑倒,牛互相爬跨等而发生机械性损伤。技术人员操作失误,如粗暴地直肠检查,已妊牛只误用催情药物,子宫收缩药物和大量使用泻剂、麻醉药物。

③胎膜、胎儿及子宫异常　如胎膜水肿、畸形胎儿、胎盘炎、子宫粘连等。

④全身性和生殖器官疾病　瘤胃臌胀、胃肠炎、慢性子宫内膜炎、真胃阻塞及伴有高热和呼吸困难的疾病。

除此而外,与精液的品质、激素的分泌都有一定关系。

(2)传染性和寄生虫性流产　多种病原微生物如细菌、病毒、霉菌以及胎毛滴虫、新孢子虫、肉孢子虫等，皆可引起流产（表 7-1）。

表 7-1　奶牛传染性和寄生虫性流产临床鉴别

病　名	流行病学			临床观察	
	临床特征	流产率	流产时间	胎膜	胎儿
布鲁氏菌病	流产、不育	流产率高，易感畜群达90%	6～8个月	子叶坏死，胎膜混浊、水肿	可能有肺炎
传染性鼻气管炎	流产、死胎、干尸，呼吸道炎	25%～50%	6个月		自溶
衣原体病	流产、早产、死产、产弱犊、公牛精索炎	10%～40%，感染后有免疫力	4～6个月为主	胎衣迟排	肝病
钩端螺旋体病	流产，发生于急性发热期，黄疸，血红蛋白尿	25%～30%	迟，6个月以上	子叶呈黄褐色，缺乏张力，尿膜羊膜间水肿	常为死胎
病毒性腹泻	主要在冬季发病，妊娠早期，流产，死胎，干尸	流产率高，30%～40%产生畜群免疫	6～8个月		皮下水肿，腹水，肝病变
真菌病	流产，1～2月份发病率最高	占流产的6%～7%	3～7个月或妊娠最后3个月		皮肤有斑块、增厚，界限清楚

病 名	流行病学			临床观察	
	临床特征	流产率	流产时间	胎膜	胎儿
弯杆菌病（弧菌病）	不孕,发情周期不规律、适度延长	低,5%以内,有时达20%	5～6个月	半透明,稍增厚,有淤血点,局部水肿	内脏腹膜上有脓的絮片
毛滴虫病	不育,子宫积脓,流产	5%～30%	2～4个月	子宫渗出物带絮状	浸溶
新孢子虫病	多发性流产		4～6个月多发		自溶,脑、心肌炎,活犊有神经-肌肉症状

【诊断要点】

临床症状

①胚胎消失 又称隐性流产。这是由于妊娠早期胚胎死亡、液化而被吸收。已确认妊娠,过一段时间后,妊娠消失,又出现发情。

②排出死胎 随妊娠期长短、症状轻重略有不同,特征是排出死胎。

③排出不足月的活胎 母牛与正常分娩相似,排出活胎,但月份不够。早产胎儿能否成活依吸吮反射而定,能吃乳的,可能成活,不会吃乳的,成活可能性较小。

④胎儿干尸化 又称死胎停滞。胎儿死后长期滞留在子

宫内,由于宫口密闭,子宫内无细菌感染,胎水、胎膜和胎儿组织水分逐渐被吸收,子宫缩小,胎儿蜷缩成干瘪硬块,胎膜干枯,紧裹干胎,呈茶褐色或深褐色。

⑤胎儿自溶　死胎软组织由于受腐败微生物的作用,分解为液体,当液体排出体外,胎儿骨骼滞留在子宫内,偶见有小的骨片随腐臭液排入产道内或体外。

直肠检查　触摸子宫、卵巢和子宫中动脉的变化,根据输精配种时间,看子宫是否膨大,有无波动感,子宫中有无妊娠波动,有无干瘪的胎儿和骨骼碎片等,即可确诊。

实验室检验　根据流产症状及胎儿变化,结合全场流产数目的多少、有无潜在性传染性、寄生虫性疾病,可初步区分是何种流产。必要时,取流产胎儿、母体血液等进行细菌学、血清学检验,以进一步确诊。

【防治措施】

治疗　当确定为传染性、寄生虫性流产时,按相应疾病采取防治措施。对普通流产,应按下法处置。

①保胎　对于先兆流产和习惯性流产的母牛,阴道检查,子宫颈口闭锁,子宫颈黏液栓尚未溶解,直肠检查确定胎儿仍存活时,用黄体酮50~100毫克,肌内注射,每日或隔日1次,连注3~4次。

②催产促使胎儿尽早排出　用氯前列烯醇0.5毫克或15甲基$PGF_{2\alpha}$3~5毫克,肌内注射。也可用地塞米松20毫克,肌内注射。约3天后可排出胎儿。如胎儿已进入产道,可人工将其拉出。如子宫口开张不全,可向子宫内注入抗生素。为滑润产道,可向子宫内注入液体石蜡1 500~2 000毫升,或软皂溶液3 000毫升,伸手拉出胎儿。

③子宫内灌注抗生素　胎儿拉出后,可用土霉素粉3~4

克或金霉素粉 2～3 克,溶于 250 毫升蒸馏水中,1 次灌入子宫内,隔日 1 次,直到阴道分泌物清亮为止。

预防

①日粮要平衡　保证能量、蛋白质饲料及矿物质如钙、磷、锰、锌、铁和维生素 A,维生素 D 和维生素 E 的供应。加强管理,防止技术失误引起流产,直肠检查时要细心,治疗用药要谨慎。

②加强对临床病性的诊断　流产病牛应隔离,对流产胎儿、胎膜仔细检查,为确诊病性,可采取子宫内分泌物、胎儿第 4 胃内容物、肝、脾及母牛血液进行微生物学检验。流产胎儿、胎衣及褥草应堆积或深埋。

③疫苗免疫　当已确诊有布鲁氏菌病、牛传染性鼻气管炎感染的牛场,可考虑用猪二号或羊 5 号菌苗及传染性鼻气管炎弱毒苗免疫接种。

阴　道　脱

阴道壁的部分或全部内翻脱离原正常位置而突出于阴门之外,称阴道脱。前者称不完全脱出,后者称完全脱出,主要发生在妊娠后期,病程较长,多不危及生命,为奶牛常发病。

【病因】　阴道脱主要是因为固定阴道的组织和阴道壁本身的松弛,在腹内压加大的情况下,迫使松弛的阴道壁向阴道腔内凸入,进而凸向阴门,最终脱垂于阴门外。

老牛体衰、运动不足、饲草中雌激素含量过高等均可引起固定阴道的组织松弛,至妊娠后期,由于腹压增大就能诱发松弛的阴道脱出。

阴道脱也可发生在未孕或产后的母牛,有的经常发生,形成习惯性阴道脱。

【诊断要点】

临床症状 阴道脱初期常在母牛卧下时,阴门哆开露出一红色球样物,起立后会慢慢回缩。随着病程进展,脱出物增大,不能自行回缩,可由阴道壁部分脱出发展成全部脱出。脱出物可达排球大,粉红色,光滑湿润,触之柔软,逐渐变暗变干,久后因水肿而呈苍白色,触之变硬。表面常被粪便、褥草、泥土等污染,继而发生溃疡、坏死。阴道全部脱出时,可见到宫颈外口。脱出的阴道内可能有积尿的膀胱及肠管,也可能触及胎儿的肢体。

【防治措施】

治疗 进行阴道整复。

①**准备** 站立保定,不能站立的要垫高后躯。用2%普鲁卡因10毫升,在第1、2尾椎间隙硬膜外麻醉,剂量的多少以母牛能站立又不努责为准。清洗脱出的阴道,除去各种污物。常用1%明矾水、0.1%高锰酸钾液。有出血和伤口的,进行止血和必要的缝合。有水肿的,用消毒针头乱刺,以清洁纱布紧裹,挤压出水肿液。如膀胱积尿妨碍整复,需寻找尿道口进行导尿。

②**整复** 用消毒或洁净纱布缠包脱出阴道,以防整复时损伤阴道黏膜。在助手帮助下术者用拳头将脱出阴道推送回盆腔,从靠近阴门处开始或从脱出阴道的顶端开始推送均可。送回盆腔后要使阴道复位,停留片刻,然后退出手和纱布。

③**固定** 目的是防止再脱。

阴门缝合 用三棱缝针引18号缝线,双股,从阴门裂外2～3厘米处进针,对侧相应部位出针。为防缝线勒伤阴门,在进针前先穿一纽扣,出针后再穿一纽扣,然后打结,称纽扣缝合。或夹一纱布卷也可。一般缝两针。阴门的下 1/3 处不缝，以便排尿。

阴门压定　用阴门压定器，或用粗铅丝或相应粗的绳索按阴门大小弯编一个压定器，压定器上下各连两根绳，分别从尾根两侧和后肢根部两侧向前至胸、颈部固定。

阴道侧壁固定　对容易反复脱出的病例，可采取阴道侧壁固定法：在阴道两侧注射 95％酒精，使阴道壁与骨盆间的结缔组织发生粘连。或采取阴道壁与臀部肌肉缝合法，使阴道侧壁与骨盆固定住。具体操作：在骨盆坐骨小孔相应的臀部皮肤剃毛，范围4～5 平方厘米，消毒，局部皮下麻醉，切开皮肤约 1 厘米。冲洗消毒阴道腔。术者一手将已消毒的 18 号缝线穿好大衣纽扣，带入阴道腔至坐骨小孔相应位置；另一手将消毒好的特制钩针从臀部切口刺入穿过臀部肌肉和坐骨小孔进入阴道腔，将阴道腔内的缝线钩出体外，穿上另一大衣纽扣，压紧打结。在对侧臀部同样进行 1 次。术部碘酊消毒，1 周后拆线。

预防　供应平衡日粮，以满足机体营养需要，增进母牛全身张力。控制干奶期精饲料喂量，防止母牛肥胖。卵巢囊肿易继发阴道脱，故应对病牛原发性疾病进行诊断与治疗。

阵缩努责微弱

阵缩和努责是分娩过程中的正常生理机能，分娩开始后，阵缩努责力量弱，常引起胎儿排出延迟。

【病因】

原发性病因　分娩开始后，阵缩努责微弱，时间短，间隔长，并不随分娩时间延长而加强。多见于母牛体质不好，如营养不良、消瘦,或营养过剩、肥胖等所致的全身张力降低。矿物质钙、磷、维生素及微量元素缺乏也可引起子宫、腹肌收缩力减弱。垂体、内分泌机能失调,如垂体后叶素分泌不足等也是致病原因。

继发性病因 分娩开始阵缩努责正常,由于胎儿排出受阻,致使子宫肌肉过度疲乏,引起阵缩努责减弱,甚至停止。如胎儿过大、子宫颈开张不全、子宫捻转及捻转子宫整复后,都伴有子宫阵缩微弱或宫缩消失。

【诊断要点】

临床症状 母牛有分娩前兆,阵缩努责微弱、不见分娩进展。

产道检查 产道开张良好,或轻度狭窄,胎囊不破,或胎水流出缓慢,胎儿停滞于产道中。继发性者,可以触诊到产道、胎儿的各种异常状况。

【防治措施】

治疗

①**人工助产** 常用牵引术,这是最佳疗法。当发现长时间不能产出胎儿时,及时消毒手臂和母牛后躯,术者伸手入产道,检查胎儿、产道正常时,用牵引术拉出胎儿。

②**药物催产** 对产道开张良好,胎儿姿势正常的牛,必要时可以试用。催产素 5 单位,肌内或静脉注射。能使子宫收缩力增强、频率增加,宫颈开张,使分娩顺利进行。

继发性阵缩努责微弱者,应根据胎儿及母体产道异常情况,及时采取对症治疗措施。

预防 加强饲养管理,增强机体全身紧张力。日粮要平衡,特别要重视矿物质、微量元素及维生素的供应,加强运动。为了增强机体张力,产前可静脉注射 10% 葡萄糖酸钙注射液、25％葡萄糖注射液各 500 毫升，对于防止产后瘫痪、加强子宫收缩，都有一定作用。

子宫颈狭窄

在分娩过程中，由于雌激素分泌不足，致使子宫颈肌肉不能松弛、变软，引起不开张或开张不全，胎儿排出受阻。多见于初产母牛。

【病因】

原发性子宫颈狭窄　见于产前营养过剩，精料喂量过多，机体过肥，产道周围脂肪沉积，以及内分泌系统机能紊乱，雌激素分泌不足所致。前者可能是机械地阻碍了宫颈的开张，后者则是宫颈肌层浆液性浸润受阻。

继发性子宫颈狭窄　见于阴道狭窄，如阴道新生物、阴道囊肿、阴道瓣过厚及阴道黏膜水肿。子宫捻转整复后也多见子宫颈狭窄。

【诊断要点】

临床症状　分娩时，母牛阵缩努责正常，但久不见胎儿产出。

产道检查　术者洗净手臂，对母牛外阴消毒，伸手入产道内触摸宫颈，根据狭窄程度将其分为 4 度。一度狭窄胎头和两肢进入产道，牵引时勉强通过；二度狭窄胎头颜面部和两前肢进入宫颈管；三度狭窄仅能伸入两前肢；四度狭窄仅开一小口。触摸不到胎儿前置部位。

【防治措施】

强行扩张宫颈　适用于一度狭窄，采用胎儿牵引术缓慢牵引胎儿使宫颈开张。

药物松弛宫颈

①全身治疗　用雌二醇或已烯雌酚 40～60 毫克,肌内注射。约经 4 小时,宫颈松软开张。氯前列烯醇 500 毫克,肌内注射,也有同样效果。

②宫颈外口注射　已烯雌酚 40～60 毫克,或 2％奴佛卡因 20～40 毫升,于子宫颈外口分点注射。适用于二度以上的狭窄。

手术治疗　凡不能从产道强行拉出胎儿的,可根据具体狭窄程度,分别采用碎胎术或剖腹术。严禁切开宫颈,防止产道出血,子宫颈形成瘢痕而影响下胎分娩。

子宫捻转

牛子宫捻转是指子宫围绕自身纵轴发生的扭转,多发生在妊娠后期或临产以前,但都在分娩发生难产时才被发现。

【病因】

牛子宫解剖特点所致　牛子宫角呈羊角状弯曲,大弯在上,小弯在下,固定子宫的阔韧带附着在小弯处,大弯呈游离状态。未孕时,子宫角常受胃、肠、膀胱的充盈度变化而发生移位。怀孕后,子宫角逐渐增大增重,前移下垂,大弯的游离性随之增大,阔韧带固定子宫的部位相对逐渐缩小,怀孕子宫角几乎完全处于游离状态。

牛起卧特点的影响　牛在起卧时,都是后躯先起或后躯后卧,瞬间内脏前移,本已游离的怀孕子宫又出现了短暂的悬空状态,起卧过程稍有不适或动作过大就极易发生子宫捻转。而且受左侧瘤胃的影响,子宫向右捻转为多。

饲养管理不当 营养缺乏,运动不足,运动场不平,牛的爬跨、滑倒及奔跑,皆可促使本病的发生。

【诊断要点】

临床症状 表现为消化机能和分娩异常。临产前,食欲减退或废绝,精神沉郁,有轻微腹痛及不安,但常常被忽略。已到分娩时,母牛阵缩和努责正常,但总不见胎水流出,胎膜露出。

直肠检查 可感觉直肠壁不直通而向一侧转向,一侧子宫韧带紧张,而另一侧子宫韧带松弛。

阴道检查 母牛一侧阴唇缩入阴道内,有皱襞,致使阴门外观极不对称。阴道腔变窄,呈漏斗状,于深部形成螺旋状皱襞。轻度扭转能摸到子宫颈,扭转超过180°,产道管腔狭窄,仅能伸入1~3个手指。

根据阴道和直肠检查情况,可判断子宫捻转方向。如果阴道皱襞从左后上方向右前下方,子宫是向右侧方捻转;如果阴道皱襞从右后上方向左前下方,则为左侧方捻转。

【防治措施】

手工扭转矫正 适用于捻转较轻时。先向子宫内注入大量温肥皂水,手伸入产道内,握住胎儿露出部分,向扭转的相反方向转动,矫正子宫,再拉出胎儿。

翻转母体矫正 母牛卧地,并将两前肢及两后肢分别缚在一起,垫高后躯。翻转以子宫捻转方向而定。如子宫向右捻转,母牛右侧卧地,助手分别握住母牛两前肢、两后肢及头,将母体急速向右翻转。如果一次无效,可反复进行。

剖腹复位法 剖腹后,切开子宫,取出胎儿后再使捻转子宫复位。

产后瘫痪

产后瘫痪又称乳热、分娩低钙血症。临床上以兴奋、痉挛、运动麻痹和感觉丧失等神经症状、体温降低以及低钙血症等为主征。

【病因】

急性缺钙学说 认为产后瘫痪的直接病因是分娩前后血钙含量急剧降低的结果。其原因有：①奶牛机体对钙的吸收机能障碍,饲草料中的钙不能全部被牛机体吸收,势必导致奶牛机体血钙含量降低。②干奶牛和妊娠后期牛饲喂高钙低磷饲草料,致使降钙素作用加强,而使甲状旁腺素活性受到抑制。待分娩、泌乳时,则又使甲状旁腺素活性降低,导致骨骼中的钙不能及时地转送血液中,因而血钙含量急剧减少。③随初乳流失大量的钙。如分娩第1天随初乳流失钙19克、磷17克,则引起低血钙($4.7\sim5.9$毫克/100毫升)、低血磷($0.24\sim1.6$毫克/100毫升)。④维生素D不足或合成障碍,当日粮中维生素D含量不足或合成障碍时,除影响肠黏膜对钙的吸收作用外,也影响骨钙溶解、释放作用,使牛机体血钙含量明显减少而致病。

大脑皮质缺氧学说 母牛妊娠后期腹压增大,分娩前乳房肿胀等会使静脉血液还流受阻;分娩后胎儿产出,腹压下降,乳房相应地变空虚又会使机体血液流入腹腔和乳房内的量增多,从而使外周尤其是头部血液含量减少,血压降低,会出现一时性大脑贫血、脑缺氧、脑神经兴奋性降低的神经性疾病,病牛出现先兴奋,后呈昏迷状态。

【诊断要点】

临床症状

①初期(兴奋期)　呈现食欲不振或减退,磨牙空嚼,瘤胃蠕动减弱,粪便干而少等前胃弛缓症状。继之发生摇头、伸舌、不安或过敏现象。头颈和四肢肌群发生痉挛性震颤,站立不稳,走动时后肢僵硬,步态踉跄,共济失调。不久便发生本病典型症状——瘫痪,被迫躺卧地上,时时企图站起,一旦站起后,四肢乏力,左右摇晃,往往摔倒。也有的卧地后两前肢直立而后肢无力,呈犬坐姿势。当经几次挣扎而不能站立后,病牛便安然静卧。

②中期(躺卧期)　病牛取躺卧姿势,除个别病牛取伏卧姿势外,较多的见四肢缩于腹下,颈部弯曲呈 S 状,将头偏于体躯一侧。有的病牛四肢伸直、无力,整个体躯平卧于地,球关节弯曲。四肢末梢冷凉,体温下降到 37.5℃～38℃,呼吸微弱而浅表,心音微弱,心率增数达 100 次/分钟以上。瞳孔正常或散大,对光反射减弱,皮肤感觉减退乃至消失,肛门松弛,反射消失。

③后期(昏睡期)　病牛精神高度沉郁,全身肌肉乏力,食欲、反刍停止,伴发瘤胃臌气,呼吸困难,可视黏膜充血或发绀,心搏动微弱,脉细小,脉搏数达 120 次/分钟以上。颈静脉压降低并出现颈静脉凹陷。瞳孔散大,对光反射消失,多数陷于昏睡状态。

实验室检验　血钙、血磷含量减少。轻型病牛血钙、血磷含量分别为 6.7 毫克/100 毫升,2.7 毫克/100 毫升;重型病牛其含量分别为 3.9 毫克/100 毫升,1.2 毫克/100 毫升以下。血糖增多,重型病牛血糖含量达 161 毫克/100 毫升。

【鉴别诊断】　本病应与产后瘫痪、母牛卧地不起综合征、牧草搐搦、酮病(乳热型)、热射病等加以鉴别。

(1)**产后截瘫** 本病除起立困难或不能站立外,全身状态尚好,体温、脉搏、呼吸、食欲、反刍等均接近正常。

(2)**母牛卧地不起综合征** 病牛被迫躺卧地上,不能站立,后肢向后移位呈犬坐或蛙腿姿势。有的侧卧地上,后肢抽搐,头向后方呈角弓反张。机敏性增高,不时排出血红蛋白尿。局部肌肉肿胀、疼痛并坏死。应用钙制剂疗效极差。

(3)**牧草搐搦** 急性发作时,哞叫、盲目地奔跑,倒地后四肢做泳游状划动,角弓反张。每间隔较短时间发作 1 次。重型病牛多因窒息死亡。轻型的呈阵发性惊厥,肌肉强直或痉挛,步样强拘,对刺激反应敏感,频频排尿乃至停止。有的呈现产后瘫痪症状,但血镁含量降低明显(血镁含量为 0.4~0.9 毫克/100 毫升)。

(4)**酮病(乳热型)** 病牛多在产后 10 天内发病。迅速消瘦,泌乳量急剧降低,食欲大减,肌肉乏力,对外界刺激反应敏感。被迫躺卧地上,其姿势以头屈曲置于肩胛部,呈昏睡状。有的呼出气带有丙酮气味。实验室检验:血糖含量明显降低,血酮反应呈强阳性。临床应用钙制剂治疗,多无疗效。

(5)**热射病** 病牛体温升高达 42℃以上,全身脱水严重,剧烈喘息,步态蹒跚,晕厥倒地。重型或后期病牛多在昏迷状态下心力衰竭,窒息死亡。

【防治措施】

治疗

①**钙制剂疗法** 常用 10%~20%葡萄糖酸钙注射液 500~800 毫升,或 5%氯化钙注射液 100~200 毫升,1 次静脉注射,每日 2 次,连用 3~4 日为一疗程。同时,选用 15%磷酸二氢钠注射液 200~400 毫升,或用 15%硫酸镁注射液

200～250毫升,1次静脉注射。

②**乳房送风疗法**　即往乳房内打气。其作用是使乳房内压力升高,减少乳房血流量,使血钙不再随乳汁继续丧失。具体方法是:将病牛4个乳头外露。用75%酒精棉球消毒,再将消毒过的乳导管涂上磺胺软膏后,插入乳头内。外接上乳房送风器(可用打气筒代替),向乳房内打气。首先向接近地面的两个乳区内打气,然后再向上面的两个乳区内打气。打气量以乳房皮肤紧张、各乳区界限明显清楚,即臌起来为标准。打满气后,用绷带将4个乳头结扎起来。

③**激素疗法**　用地塞米松磷酸钠注射液,每次10～30毫克,肌内注射。还可应用氢化可的松0.2克、5%葡萄糖注射液500毫升,溶解后1次静脉注射,每日1次,连用1～2日。

④**对症疗法**　为了强心、解毒和提高血糖含量,可用25%葡萄糖注射液500毫升、复方生理盐水1 500毫升、20%安钠咖注射液10毫升,1次静脉注射,每日1次,连用2～3日。

预防　①在分娩前2～8天内,应用维生素D_3注射液,1 500～2 000单位/千克体重,1次肌内注射。注射1周后尚未分娩的奶牛,可再次肌内注射相同剂量的维生素D_3制剂。②分娩前1个月,饲喂低钙性饲草料,待分娩过后改用多钙饲草料。必要时可投服钙制剂,每日100克以上。对分娩后发生酮病或低镁血症迹象的奶牛,宜添加葡萄糖或镁制剂补料,加以预防。③对老龄体弱或高产性能奶牛,尤其是有产后瘫痪史的奶牛,在分娩前1周开始应用20%葡萄糖酸钙注射液、25%葡萄糖注射液各500毫升,每日或隔1日静脉注射1次,连用2～3次为一疗程,可收到一定的预防效果。

胎衣不下

胎衣不下又叫胎衣停滞。指母牛产出胎犊后，在一定时间内，胎衣不能脱落而滞留于子宫内。根据对479头奶牛产后胎衣脱落时间的统计，10小时内胎衣脱落者占95%以上，故可以认为，超过此时限的为胎衣不下。

胎衣不下以年老而高产牛多发，夏季比冬春发病多，其发病率在12%～18%。本病虽不引起死亡，但使产奶量降低，也是子宫内膜炎发生的主要原因，招致久配不妊。

【病因】

(1)**日粮不平衡，营养不全面** 饲料单纯，品质不良，矿物质、维生素缺乏或不足，或精饲料喂量过多，机体过肥。

(2)**产后子宫收缩乏力、弛缓** 难产时由于长时间子宫的强烈收缩，使子宫肌肉疲劳而继发子宫乏力。早产、流产，内分泌失调，影响胎盘成熟和产后子宫正常收缩。胎儿过大、胎水过多、双胎，使子宫肌过度紧张而产后乏力。

(3)**子宫内膜炎症而引起的胎盘粘连** 子宫内膜炎、布鲁氏菌病时，常可引起胎盘充血、水肿和炎症而影响母牛胎盘的分离。

【诊断要点】

全部胎衣不下，指整个胎衣停留于子宫内。多由于子宫坠垂于腹腔或脐带断端过短所致。外观仅有少量胎膜悬垂阴门外，或看不见胎衣。阴道检查时可发现胎衣不下。患牛无任何表现，仅见一些头胎牛有举尾、弓腰、不安和轻微努责。

部分胎衣不下，指仅少部分胎盘粘连，大部分胎衣脱落而悬垂于阴门外。垂于阴门外的胎衣，初为粉红色，因长时悬垂于后躯,极易受外界污染,可见胎衣上附着粪末、草屑、泥土。粪尿浸渍后发生腐败,尤以夏季炎热天气显著。胎衣色呈熟肉样,有剧烈难闻的臭味。子宫颈开张,阴道内温度增高,积有褐色、稀薄腥腐臭的分泌物。

通常胎衣不下,对奶牛全身影响不大,食欲、精神、体温正常。仅少数病牛由于胎衣腐败、恶露潴留、细菌繁殖、毒素被吸收而发生中毒现象,呈现体温升高,精神沉郁,食欲降低或废绝。

【防治措施】

治疗

①全身用药 10%葡萄糖酸钙注射液、25%葡萄糖注射液各500毫升,1次静脉注射,每日2次,连用2日;催产素100单位,1次肌内注射;氢化可的松125~150毫克,1次肌内注射,隔24小时再注射1次,共注2次。

②子宫内注入 土霉素3~4克,或金霉素粉2克,溶于蒸馏水或生理盐水250毫升中,1次灌入子宫内,隔日1次,直到胎衣排出、阴道内分泌物清亮为止。

③胎衣剥离(见第二章胎衣剥离术) 胎衣剥离依胎衣粘连程度而定,剥离只适用于胎衣容易剥离牛,不易剥脱牛,不应硬剥。当胎衣剥离后,仍应隔日灌注土霉素或金霉素液,可加速子宫净化过程。

预防 ①加强干奶牛的饲养。为促使机体健康,全身张力增强,日粮供应要平衡,不仅要注意精粗饲料喂量与比例,并要保证矿物质、维生素的供应。②加强临产母牛的护理。对老龄、高产和体弱母牛,临产前补糖、补钙,有促使胎衣脱落的效果。其剂量为10%葡萄糖酸钙注射液和25%葡萄糖注射液各500毫升,静脉注射。产后立即肌内注射催产素100单位,可促使子宫收缩,加快胎衣脱落的过程。助产要及时正确,防止产道的损伤。分娩后 30 分钟开始挤乳,喂服温麸皮盐水 15～20 千克或自身羊水,有利于胎衣排出和子宫恢复。③当有流产发生时,应查明原因。凡由布鲁氏菌引起的流产,母畜应与牛群隔离,胎儿、胎衣、褥草等应集中消毒处理。

子 宫 脱

母牛分娩后,子宫内翻脱出阴门外称子宫脱。为奶牛常发病。病程急剧,如不及时救治,常引起母牛死亡。

【病因】 ①饲养管理不当,饲料单纯,营养不良,矿物质、维生素不足,母牛全身张力降低。产后低血钙致使出现低血钙性子宫弛缓,这是引起经产牛子宫脱的原因之一。②母牛妊娠末期雌激素水平升高,致使骨盆内的支持组织和韧带松弛。③产犊时母牛努责过强,助产时拉出胎儿过猛、过速,产犊后因产道损伤、疼痛引起母牛频频努责,产后子宫弛缓未能尽快收缩,胎衣不下徒手剥离时用力不当将子宫拉成内翻等,这些因素都能诱发子宫内翻而脱出。

【诊断要点】

临床症状 子宫脱出后,于阴门外附有一个椭圆形袋状物。如母牛尚能站立,脱出的子宫悬垂于跗关节附近。如胎衣脱离,子宫黏膜上分布红色、紫红色、圆形或椭圆形的母体胎盘。暴露的子宫,因与后肢摩擦,粪、尿、褥草及泥土污染,黏膜发生水肿,呈黑红色、干裂,有血水渗出,继而发生创伤和撕裂。

初期,病牛表现拱腰、努责,兴奋不安。继而精神沉郁,无力,虚弱和卧地不起。当子宫损伤或出血时,黏膜苍白、战栗,虚脱,以低血容量性休克而死亡。

【防治措施】

治疗　用整复法。

①术前准备　备好高锰酸钾、新洁尔灭、2％奴佛卡因液、5％碘酊、塑料布等。

②麻醉　硬膜外麻醉,或后海穴注射。

③整复步骤　母牛站立或侧卧,用温 0.1％高锰酸钾液彻底冲洗脱出的子宫,再用 2％明矾液冲洗。除去未脱离的胎衣,处理好伤口。助手将洗净的子宫用纱布或塑料布兜起,术者用拳顶住子宫末端凹陷,趁母牛不努责时,将其向前推送。也可用手从阴门两侧部分地将子宫向产道内压迫推送,至送入腹腔原位为止。随后灌入 1 000～2 000 毫升灭菌生理盐水,并牵遛母牛,利用液体的重力使子宫角尖端复位。当子宫复位后,用金霉素粉 2 克或土霉素粉 3 克投入子宫内。为促使子宫角、子宫颈收缩,以防子宫角再度脱出,用催产素 50～100 单位,1 次肌内注射。

④术后护理　5％葡萄糖生理盐水 1 000 毫升、25％葡萄糖注射液 500 毫升、四环素 300 万单位,1 次静脉注射,每日 2 次,连注 2～3 日。如体温正常,为增强体质,用 5％葡萄糖生理盐 1 000 毫升、25％葡萄糖注射液和 10％葡萄糖酸钙注射液各 500 毫升,1 次静脉注射。土霉素粉 3～4 克,溶于生理盐水 250 毫升,1 次注入子宫内,隔日 1 次,直到子宫干净、阴道分泌物清亮为止。

预防　加强饲养管理,提高机体全身张力。营养供应要平衡,日粮中有必需的矿物质和维生素。严格遵守助产操作规程,助产时不能粗鲁,不可过猛、过快,减少产道损伤。加强对临产母牛看护,产前可静脉注射 25％葡萄糖注射液和 10％葡萄糖酸钙注射液各 500 毫升,每日 1 次,连注 2～3 日。产后应有专人看护,随时注意母牛全身状况,当发现努责强烈,或长时卧地,精神沉郁时,应及时处置,防止病情加重,病程拖延。

子宫复旧不全

子宫复旧不全也称子宫弛缓。是指分娩后母牛子宫恢复至未孕状态的时间延长。通常奶牛正常复旧时间约 40 天。

【病因】

(1)**子宫收缩无力** 引起子宫收缩无力的因素见于:产后奶产量过高,干奶期精料喂量过多,牛只肥胖,胎儿过大,双胎,难产时助产时间过长,胎衣不下,子宫脱,酮病,产后瘫痪及产后感染等。

(2)**卵巢功能异常** 卵巢功能与子宫复旧相关,卵巢功能恢复快,子宫复旧快;反之则慢。

【诊断要点】

临床症状 子宫复旧不全的患牛,常无全身异常,仅见产后恶露排出时间延长。

阴道检查 宫颈弛缓、开张,阴道内有褐色、灰褐色恶露潴留。

直肠检查 子宫下垂,子宫颈大而软,宫壁稍厚,收缩反应微弱,当子宫腔内有恶露积存时,触摸有波动感。往往因恶露不能排出或排出时间延长而继发子宫内膜炎。

【防治措施】

治疗 治疗原则是加强子宫收缩,促进恶露排除:①催产素 100～120 单位,1 次肌内注射,日注 2 次,总量不要超过400 单位。②雌二醇 4～10 毫克,1 次肌内注射。③子宫冲洗。

用 40℃～42℃的 10％盐水或其他温防腐剂冲洗子宫,在冲洗液完全排出后,用土霉素粉 3～4 克,蒸馏水 250 毫升,混合 1 次灌入子宫内,隔日 1 次,连灌 3～5 次。④补糖、补钙。25％葡萄糖注射液 500 毫升、10％葡萄糖酸钙注射液 500 毫升,1 次静脉注射,每日 1 次,连注 3～5 次。

预防

①加强饲养管理,增强奶牛抵抗力　干奶期根据母牛机体状况合理供应日粮,控制精饲料喂量,供应充足、优良的干草,防止母牛肥胖。给奶牛提供优良的环境条件,减少各种应激,加强运动,增进体质。保持牛舍、运动场的清洁,做好防暑降温、防寒保暖工作。分娩后,母牛处于升乳期,此时应供应平衡日粮,严禁偏饲和加料催奶。

②加强保健措施,及时诊治原发疾病　为了增强机体张力,对高产母牛,产前、产后应建立补糖补钙制度,用 25％葡萄糖注射液和 10％葡萄糖酸钙注射液各 500 毫升,1 次静脉注射,每日 1 次,产前 2～3 日开始到产后 5 日止。有促使子宫收缩的作用。助产要严格消毒,操作细致。胎衣不下,及时处理,尽可能减少子宫感染。对酮病、产后瘫痪正确治疗,使其尽早恢复,防止继发性子宫弛缓的发生。建立产后母牛子宫状态监控制度。产后 15 天进行直肠检查,监测子宫复旧情况,异常者及时治疗。

子宫内膜炎

子宫内膜炎为奶牛场最为常见的疾病之一,也是不妊症的主要原因。依据黏膜损伤的程度,可分为慢性卡他性子宫内膜炎、卡他性脓性子宫内膜炎和坏死性子宫内膜炎。

【病因】

（1）**细菌感染** 助产不当，产道受损伤；产后子宫弛缓，恶露蓄积；胎衣不下、子宫脱、阴道和子宫颈炎时，处理不当，消毒不严。其病原菌有大肠杆菌、链球菌和葡萄球菌等。

（2）**配种时不严格执行操作规程** 如输精器、外阴部、手臂消毒不严；输精时器械的损伤；过度的增加输精次数等。

（3）**继发性疾病** 如布鲁氏菌病、结核病。

【诊断要点】

临床症状 卡他性脓性子宫内膜炎时，乳牛全身反应不明显。阴道分泌物随病程而异，初呈灰褐色，后为灰白色，由稀变浓，量由多变少，有腐臭味。卧地后，常见从阴道内流出，或于坐骨结节处粘附、结痂。有的患牛有拱背、举尾、努责、尿频症状。

阴道检查 阴道黏膜、子宫颈黏膜充血、潮红，子宫颈口开张1～2指。阴道内有不同量的分泌物。

坏死性子宫内膜炎时，由于细菌的分解作用，黏膜腐败坏死，全身症状重剧，患牛精神沉郁，体温升高，食欲、泌乳停止。阴唇发绀，阴道黏膜干燥，从阴道内排褐色、灰褐色、内含坏死组织块的分泌物。直肠检查子宫壁和子宫角增厚，手压有痛感。

慢性卡他性子宫内膜炎时，性周期、发情、排卵正常，然屡配不妊，或配种受妊后，可能发生流产。阴道内集有少量的混浊黏液，或于发情时从子宫内流出混有脓丝的黏液，子宫角增粗，子宫壁肥厚，收缩反应微弱。

慢性卡他性或脓性子宫内膜炎时，子宫壁肥厚不均，性周期不规律，故发情不规律或不发情。阴道分泌物稀薄，发情时

166

增多,呈脓性。子宫角粗大、肥厚,有坚硬感,收缩反应微弱,卵巢上有持久黄体。

【防治措施】

治疗 ①土霉素粉 2 克,或金霉素粉 1 克,或青霉素 200 万单位,溶于蒸馏水 250～300 毫升中,1 次注入子宫,隔日 1 次,直至分泌物清亮为止。②对病程较长,分泌物具脓性者可用卢格氏液(复方碘溶液)。其配制方法:碘 25 克、碘化钾 50 克,加蒸馏水 40～50 毫升溶解,再用蒸馏水加至 500 毫升。配成 5％溶液。取 5％碘溶液 20 毫升,加蒸馏水 500～600 毫升,1 次灌入子宫内。③雌二醇 15～25 毫升,1 次肌内注射,可使子宫颈开张,利于子宫内分泌物排出,促使子宫腺体分泌增加,改善子宫血液循环,促进性周期。④子宫按摩法:手伸入直肠,隔肠按摩,每日 1 次,每次 10～15 分钟,有利于子宫收缩。⑤全身治疗:根据全身状况,可补液、补糖、补盐、补碱,并使用抗生素和磺胺类药物。

预防 ①难产助产时,阴门及其周围,手臂及助产器械应消毒,操作要仔细。②配种时,人工输精器械和生殖道亦应严格消毒。③加强饲料配合,特别注意矿物质、维生素的供应,减少胎衣不下的发生机会。④乳牛全身性疾病对子宫内膜炎的发生都有影响,如产后瘫痪、酮尿症、乳房炎等,都可造成子宫复旧不全和炎症,故应及时治愈。⑤流产病畜应隔离观察,做细菌学检查,以确定病性。细菌学检查阳性牛,母畜应从群中挑出隔离治疗,对流产胎儿、胎衣、分泌物、褥草应严格消毒处理,防止疫病流行。

卵巢机能不全

卵巢机能不全是卵巢受各种不良因素的影响而机能发生紊乱的一种临床症状。卵巢处于静止状态，不出现周期性活动；母牛表现发情，但排卵延迟或不排卵；卵泡发育正常，排卵能受孕，但不表现发情，称为安静发情。

【病因】 ①饲养不当，日粮不平衡。蛋白质、碳水化合物、矿物质及维生素缺乏或比例不当。饲料单纯，品质低劣，营养不良，患牛消瘦。或精料喂量过多，母牛肥胖。或过度催奶。②管理不良，如突然变更饲料或饲养环境、圈舍；运动场阴暗潮湿，光线不足；夏季炎热高温而无防暑降温设施。③激素、酶活性降低或分泌异常。催乳素水平过高，雌激素及前列腺素不足等。④母牛年老、瘦弱，患有其他疾病，如代谢病、传染病、寄生虫病等，都可引发本病。

【诊断要点】

临床症状 母牛发情表现不明显，发情周期延长，长期不发情或表现发情但不排卵。安静发情见于初情期的牛和产后第1次发情的牛。高产奶牛发情周期延长。

直肠触诊 卵巢形状、质地正常或没有明显变化，无明显的发育卵泡或黄体形成。直肠触诊要跟踪进行，对卵巢机能不全、安静发情1次触诊不能完全确诊。长期营养缺乏的母牛，卵巢扁平，无卵泡发育，久不发情。

【防治措施】

治疗

①促卵泡素（FSH） 肌内注射100～200单位，每日或隔日1次，共用2～3次。

②人绒毛膜促性腺激素(hCG)　静脉注射 2 500～5 000 单位,肌内注射 10 000～20 000 单位,必要时间隔 1～2 天重复 1 次。少数病例有可能出现过敏反应,要注意观察。

③孕马血清促性腺激素(PMSG)　肌内注射 1 000～2 000 单位,重复使用也可引起过敏,应予注意。

④维生素 A　100 万单位肌内注射,10 日 1 次,注射 3 次后卵巢上即有卵泡发育、排卵、受胎。对缺乏青绿饲料引起卵巢机能减退牛,有时疗效优于激素。

⑤直肠触诊按摩子宫和卵巢　经常对子宫和卵巢采用触摸刺激,促使其血液循环加强,有利于卵巢机能恢复,并使之发情、受妊。

预防　①加强饲养管理,根据母牛个体营养状况,合理供应日粮。对体弱牛,保证足够的蛋白质、维生素和优质干草,加喂胡萝卜、大麦芽饲料等。对肥胖母牛,应控制精料喂量,保证足够的优质干草。②提供良好的环境条件,减少各种不良应激。运动场、圈舍要清洁、干燥,做好防暑降温和防寒保暖工作,加强运动,增强体质,严禁加料催奶的做法。

卵巢囊肿

卵巢囊肿是由于卵泡上皮发生变性,卵泡壁结缔组织增生、变厚,卵细胞死亡,卵泡液未被吸收或增多,使卵泡腔增大,形成卵巢囊肿。

由于囊肿形成,乳牛正常的性周期破坏,表现出无规律的发情频繁或发情持续。配种不妊。

【病因】　①饲养管理失调,矿物质、维生素不足或缺乏,片面饲喂,精料过多,运动不足,牛体过肥。②脑垂体前叶分泌促卵泡生长素过多,促黄体生成素不足,机能失调,分泌紊乱,或在治疗过程中不正确的应用激素治疗。③继发于胎衣不下、子宫内膜炎、卵巢炎、流产。

【诊断要点】

临床症状 病牛发情异常,性周期无规律,发情频繁,且持续时间较长,性欲旺盛、强烈,过度兴奋,食欲降低,乳量下降。时间长久可见患牛消瘦,被毛粗刚、无光泽。

卵巢囊肿时间长的病牛,即有慕雄狂病状时,见患牛经常追逐或爬跨其他牛,致使全群牛在运动场内乱跑,很不安宁。

患牛颈部肌肉逐渐发达增厚,目光怒视,如独拴一处,则焦急不安,前蹄刨土,极力挣脱,大声哞叫,出现雄相——公牛化。外观见眼、皮肤、胸部、声音很像公牛。尾根举高翘起,尾根与坐骨结节之间出现一个深的凹陷,阴门松弛,稍见肿胀,乳房萎缩,泌乳量极度下降。

直肠检查 在卵巢的一侧或两侧,可能有一个或多个卵泡,卵泡囊增大,有的似鸡蛋大或拳大,由于发情持续时间较长,子宫壁松弛、肿胀增厚,子宫角不收缩。

【鉴别诊断】 卵巢囊肿分卵泡囊肿与黄体囊肿。临床症状上有相似之处,故应进行鉴别(表7-2)。

表7-2 卵巢囊肿的临床鉴别

对 比	卵泡囊肿	黄体囊肿
病 性	卵泡上皮变性,卵泡壁增生	卵泡壁上皮黄体化
发 情	持续而频繁,后期无发情	不发情
囊肿大小	直径2.5厘米以上	2.5厘米以上
囊肿数目	一侧性或两侧性,数目多少不等	为单侧性,1个

对　比	卵泡囊肿	黄体囊肿
囊肿状态	壁薄、膨满、紧张、有波动	壁厚而柔软
穿刺液	呈黄色,透明	深黄色、褐色
发生比例	占 70%	占 30%
血清孕酮 (毫克/毫升)	0.59±0.30(0.10～0.98)	3.70±1.75(1.50～7.00)

【防治措施】

治疗　①垂体促黄体激素 200～400 单位,1 次肌内注射,隔 1～2 日复注 1 次,共注 2～3 次。②黄体酮 50～100 毫克,1 次肌内注射。隔日 1 次,总药量可用 300～600 毫克。对于重症者,每日可用 50 毫克,治疗时间延长,效果较好。用药量大而次数较少,收效小。病复发者可以重复使用。③前列腺素 $F_{2\alpha}$ 5～10 毫克,1 次肌内注射。④人绒毛膜促性腺激素 2 500～6 000 单位,1 次静脉注射,治愈率达 80%～90%。⑤穿刺或挤破囊肿。据报道,在牛挤破或穿刺囊肿后 2～3 天,囊肿仍可复发,故认为配合注射孕酮 200～500 毫克,1 次肌内注射,或注射人绒毛膜促性腺激素 2 500～10 000 单位,对恢复卵巢机能的正常化有较高疗效。⑥子宫治疗:对伴有子宫疾患的病牛,应结合对子宫治疗,常用抗生素(金霉素、土霉素)溶液子宫注入。

预防　药物治疗囊肿的效果,临床上以囊肿的消失和发情配孕为标准。为提高疗效,应加强饲养管理,促使乳牛体质增强。同时,可结合内服碘化钾,每次量为 150 毫克,连服 7 日,并肌内注射 1% 孕酮,每次量 50 毫克,连注 7 日,对于预防和治疗囊肿都是有效的。

持久黄体

　　持久黄体也称黄体滞留、永久黄体。持久黄体指在分娩后或性周期排卵后，妊娠黄体或发情性周期黄体及其机能长期存在而不消失。其特征是性周期停止，母畜不发情。从组织构造和对机体的生理作用看，性周期黄体、妊娠黄体、持久黄体无任何区别。由于黄体滞留，黄体分泌助孕素作用持续，抑制了卵泡的发育，因此，性周期消失。乳牛常有发生。

　　【病因】

　　(1)饲养管理不当　饲料单纯，品质差；饲料配合不全，矿物质、维生素不足或缺乏；高产牛于分娩后产乳量高而持续，往往发情延迟且易患本病。

　　(2)子宫疾患　如慢性子宫内膜炎、胎衣不下、子宫复旧不全，常伴有黄体停留，当子宫内存在异物，如胎儿浸溶、胎儿木乃伊、子宫积水、子宫蓄脓、子宫肿瘤等，都会使黄体吸收障碍，而成为持久黄体。

　　(3)全身性疾患　如患结核病、布鲁氏菌病等。

　　持久黄体原因复杂，它与机体状况如营养过肥与过瘦，泌乳过高等有密切关系。因此，在了解持久黄体的原因时，不只是黄体滞留，也是整体性的卵巢机能不全和衰退的表现。

　　【诊断要点】

　　临床症状　持久黄体特征是性周期停滞，母牛长期不发情。

　　直肠检查　一侧或两侧卵巢体积增大，卵巢内有持久黄体存在，并突出于卵巢表面，由于黄体所处阶段不同，有的呈捏粉感,有的质度较硬,卵巢内持久黄体大小不同,数目不一,有 1 个也可能有 2 个以上。子宫收缩反应微弱,如子宫内有异物,可能触摸到子宫沉坠于腹腔内。

【防治措施】

治疗 ①垂体促性腺激素 200～400 单位,1 次肌内注射,隔 2 日 1 次,连续 3 次。②孕马血第 1 次量 20～30 毫升,1 次皮下注射或肌内注射,7 日后再注 1 次,剂量为 30～40 毫升。③雌二醇 15～20 毫升,1 次肌内注射,15～20 天后再复注 1 次。④前列腺素 $F_{2\alpha}$ 3～8 毫克、13-去氢-W-乙基-前列腺 $F_{2\alpha}$ 2～4 毫克,1 次肌内注射。⑤卵巢按摩法:即手隔直肠按摩卵巢,使之充血,每天按摩 1 次,每次 5 分钟,连续 2～3 次。⑥黄体穿刺或挤破法:术者手伸入直肠内,握住卵巢,使卵巢固定于大拇指与其余 4 指之间,轻轻挤破黄体。⑦伴发子宫炎时,应肌内注射己烯雌酚 15～20 毫升,促使子宫颈开张,灌注土霉素 2 克或金霉素 1 克。

不 妊 症

不妊症为奶牛的常发病。由于不妊,母牛不能按期发情、配种,产期推迟,延长了产犊间隔。有的牛长期不妊,最后被迫淘汰。

不妊症不是一种病,而是各种因素作用于机体的一种综合表现。一旦发生不妊,临床上也无特效药物治疗,故综合防治极为重要。

1. 查明不妊原因 确切诊断来源于全面调查和检查。掌握不妊的原因应坚持"四查"。

(1)查饲养管理 看饲料的种类、品质是否优良;日粮配合是否平衡及矿物质、维生素是否缺乏。

（2）查母畜健康状况　　全身是否健康，有无其他疾病；营养状况如何，是否过肥或过瘦；子宫是否肥厚，收缩反应怎样，有无子宫内膜炎、蓄脓、积水；卵巢大小、质度是否正常，有无黄体与囊肿等。

（3）查发情记录　　是否发情，发情周期是否正常，是否配种，配种几次。

（4）查精液品质　　看其活力、密度是否正常。

2. 加强临产和产后母牛的监护　　产房的饲养管理水平，直接影响到产后奶牛的泌乳、子宫的恢复和配种。

（1）**产前营养水平不应过高**　　干奶期蛋白质需要量为泌乳牛的 50%，钙、磷为泌乳牛的 50%～60%，精料 3～4 千克，青贮 15～20 千克，干草不限，自由采食，防止牛过肥。

（2）**对临产分娩牛强调自然分娩**　　必要助产时，应搞好卫生消毒、准备好器械药品、查明产道及胎儿状况。助产要细致，不要粗鲁，防止产道损伤。

（3）**及时治疗胎衣不下**　　对胎衣不下牛，以灌注抗生素为主。胎衣粘连不紧者，可以剥离，粘连牢固者，不宜硬剥。常用土霉素 3～4 克，溶于 250 毫升蒸馏水中，1 次灌入，隔日 1 次，直到阴道分泌物清亮为止。

（4）**坚持出产房牛的检查**　　胎衣脱落牛，产后 15 天出产房。出产房时的标准：牛全身健康，食欲、泌乳正常，子宫恢复，阴道分泌物清亮或呈黑褐色、胶冻样，无臭味。

（5）**定期尿检和补糖补钙**　　对体瘦牛、高产牛、食欲不振牛，定期进行尿液酸度、酮体检查，凡尿呈酸性、酮体呈阳性者，及时补糖、补钙，这对预防产后瘫痪、胎衣不下和促进产后子宫恢复都有良效。

3. 加强发情鉴定,不漏掉发情牛 ①配种员、挤乳员随时观察母牛的发情表现,凡发情牛均应予以标明。②发情观察要细,遵照"三观察法",即早、中、晚在母牛上槽时要逐头观察。③对发情不明显、不发情、发情异常的母牛,应进行阴道检查,观察阴道黏膜颜色、黏液性质及子宫口的变化;通过直肠检查触摸子宫、卵巢变化。异常者,及时治疗,诱导发情。

4. 提高人工授精技术,适时输精 ①配种人员要固定,不应随时更换。②配种员应了解母牛繁殖情况,掌握熟练的配种技术,建立详细的配种记录。③严格执行人工授精的操作规程。对所用输精器具严格消毒,母牛后躯彻底用消毒液洗净。冻精处理时要严格,输精时间要及时,采用直肠把握子宫颈输精法,操作要细致,输精部位要准确。必要时,定期对精液品质进行检查。④每次输精后,应及时填写好配种记录。

5. 加强对全身性疾病和生殖疾病的治疗

(1)全身性疾病的治疗 机体是一个整体,任何影响机体全身发生变化的疾病,都会影响母牛的发情、配种受妊。诸如结核病、布鲁氏菌病、酮病、胎衣不下等。因此,应及时、正确诊断并给予对症治疗,加速痊愈过程。

(2)生殖疾病的治疗 子宫、卵巢的疾病,直接与妊娠有关,也是引起母牛不妊的主要原因之一。常见的有子宫内膜炎、卵巢囊肿、持久黄体等。由于这些疾病的发生,临床表现为发情延迟,性周期延长;发情时间缩短,性周期短;持久发情、长期不发情和屡配不妊等,成为危害奶牛生产严重疾病之一。因此,当发现不妊症病牛时,应对全身状况仔细检查,找出病因,并采取相应的治疗措施。

具体治疗方法见表 7-3。

表 7-3   常见奶牛临床不妊的病因与治疗

临床表现	病　因	子宫、卵巢变化	治　疗
性周期正常，屡配不妊	①隐性子宫内膜炎 ②慢性子宫内膜炎	机体性功能正常，子宫、卵巢正常，从阴道内排出混浊黏液	①用1%盐水冲洗子宫，后注入青霉素200万单位、链霉素2克 ②1%苏打水冲洗子宫，后用青、链霉素注入子宫内
发情延迟（发情周期延长）	①卵巢机能不全 ②持久黄体 ③胎儿木乃伊	①卵巢无明显的卵泡或黄体 ②卵巢增大、硬、表面不光滑	①促卵泡素100~200单位，隔日1次，共用2~3次 ②氯前列烯醇500微克肌内注射，或前列腺素 F_{2a} 5~10毫克肌内注射
发情缩短（发情周期短）	①卵泡囊肿 ②黄体功能不全	卵巢增大，有1~2个囊肿，直径2.5厘米，光滑，突出于卵巢表面	①孕酮50~100毫克/次，肌内注射 ②人绒毛膜促性腺激素2500~5000单位，静脉注射 ③前列腺素 F_{2a} 5~10毫克，肌内注射
长期不发情	①卵巢静止 ②卵巢萎缩 ③持久黄体 ④隐性发情	无卵泡和黄体 卵巢缩小，无卵泡、黄体 卵巢大、硬，有黄体 有卵泡，但发情不明显	①人绒毛膜促性腺激素2500~5000单位，静脉注射 ②己烯雌酚20~25毫克，肌内注射 ③前列腺素 F_{2a} 5~10毫克，肌内注射 ④促卵泡素100~200单位，肌内注射

第八章　肢蹄病

蹄变形

蹄变形指蹄的形状发生外形改变,影响生理机能。

随着奶产量的提高,蹄变形发生增多。曾对 9 头公牛的 859 头女儿进行蹄形调查,有蹄变形的 272 头,蹄变形率占 31.2%。当严重蹄变形时,可引发蹄病、四肢姿势异常。经对 443 头淘汰牛统计,因蹄变形、蹄病淘汰的占 22.5%。

【病因】

(1)**胎次与发病**　各胎牛都有蹄变形发生,从 3 胎牛开始增高,5 胎后逐渐下降,4～5 胎发生最多,占发生总胎次的 53.7%。

(2)**前蹄与后蹄**　都可发生蹄变形,但后蹄变形率高于前蹄。前蹄以长宽蹄形为多,后蹄以翻卷形为多。

(3)**蹄变形与饲养**　日粮中钙、磷供应不足或比例不当,磷、钙代谢不平衡,都可能是蹄变形的原因之一。

(4)**高产牛易发生蹄变形**　蹄变形牛乳产量高于健康牛(胎平均产奶高 10%～20%),终身产奶量中最高胎产奶量,蹄变形牛高于其他牛,差异显著。说明了单产高的牛,蹄变形的可能性大,即产乳量愈高,蹄变形的可能愈大。

(5)**与公牛遗传有关**　不同来源的公牛女儿,都可发生蹄变形。即不同公牛个体女儿蹄变形各异,有的高、有的低。在相同饲养管理条件下,这种不同公牛个体女儿蹄的差异性,表明蹄变形受公牛影响,即与公牛遗传有关。

【诊断要点】

临床症状 由于变形蹄所呈现的形状不同,临床上可分为长蹄、宽蹄和翻卷蹄等。

①长蹄 指蹄的两侧支超过了正常蹄支的长度,蹄角质向前过度伸延,外观呈长形。

②宽蹄 指蹄的两侧支长度和宽度都超过了正常的范围,外观大而宽,俗称"大脚板"。

此类蹄角质部较薄,蹄踵部较低,在驻立和运步中,蹄的前缘负重不实,向上稍翻,反回不易。

③翻卷蹄 蹄的内侧支或外侧支蹄底翻卷。从正面看,翻卷蹄支变得窄小,呈翻卷状,蹄尖部细长而向上翻卷;从蹄底面看,外侧缘过度磨灭,蹄背部翻卷已变为蹄底,蹄底负重不均,往往见后肢跗关节以下向外侧倾斜,呈 X 状。严重者,两后肢向后方伸延,病牛拱背,运步困难,呈拖拽式,称之为"翻蹄、亮掌、拉拉胯"。

【防治措施】

治疗 ①对蹄变形患牛(15 头),我们曾用维生素 D_3 10 000单位,肌内注射,每日 1 次,同时静脉注射 10% 葡萄糖酸钙注射液 500 毫升,每日 1 次,7 日为一疗程,共治 5 个疗程,结果蹄变形无任何变化,说明药物不可能使蹄变形再恢复正常。②临床上常采取修蹄疗法。根据蹄变形不同情况,进行相应修整(见第二章修蹄疗法)。

预防 乳牛场可从以下几方面进行预防:

①加强饲养管理,充分重视蛋白质、矿物质的供应 根据奶牛泌乳状况。配合日粮,特别是对高产乳牛,应根据全身状况随时加以调整和补充。一旦蹄形开始变化,可注射维生素

D_3,日粮中补加钙粉等,以阻止其恶化。根据奶牛饲养标准试行草案,钙、磷比例以 1.4:1 为好。

在生产中发现头胎牛产奶量超过 6 000 千克以上,蹄变形发生严重,故不宜片面饲喂,单纯追求高产。如因高产而出现如拱背、拉胯等现象,对初发病牛可提前停乳,以促使机体恢复。

②加强管理,定期修蹄　防止蹄被粪、尿、污物浸渍,保持蹄部干净,冬天干刷,夏天湿刷,运动场及时清扫,保持干燥。每年应对全群牛进行蹄形普查,建立定期修蹄制度。凡蹄变形牛,一律统一进行修正,每年 1~2 次。为防止感染,不宜在雨季进行。

③加强选育　在生产中对蹄变形严重的母牛进行分析,如确系与公牛有关,可考虑该公牛少用或不用。在犊牛选育上,对蹄变形明显的公牛后裔,应考虑少留或不留。

腐 蹄 病

腐蹄病又称传染性蹄皮炎、指(趾)间蜂窝织炎。为趾间皮肤及其深部组织的急性和亚急性炎症。其临床特征是患部皮肤坏死与化脓,常伴蹄冠、系部和球节炎症,呈现不同程度的跛行。

本病可发生于所有类型的牛,发病率较高,占引起跛行蹄病的 40%~60%。炎热潮湿季节比冬春干旱季节发病多;后肢发病多于前肢;成年且高产的母牛易发。

【病因】

(1)饲养管理不当,日粮不平衡　如精料过多,粗饲料不足;钙、磷不足或比例不当;蹄角质疏松。

（2）**病原微生物侵入感染**　最常见的有坏死杆菌、结节状拟杆菌、化脓性棒状杆菌、产黑色素拟杆菌、葡萄球菌和链球菌等。

（3）**各种促使发病的诱因**　如牛舍阴暗潮湿，运动场泥泞，粪便不及时清除，使蹄长期被粪、尿、泥水浸渍而软化；牛舍与运动场地面不平，内有炉渣、石子、瓦砾、玻璃碎片、冰土、冰粪块，以及铁丝、铁钉等异物，均可刺伤蹄软组织而发炎。

【诊断要点】

临床症状　病初病牛表现出频频提举病肢，或频频的用患蹄敲打地面，站立时间较短，行走有痛感、跛行。局部检查见趾间皮肤红、肿、敏感；蹄冠呈红色、暗紫色、肿胀、疼痛。体温升高至 $40℃\sim41℃$，食欲减退，喜卧不愿站立。当深部组织腱、趾间韧带、冠关节及蹄关节受到感染时，形成坏死组织的脓肿或瘘管，向外流出呈微黄、灰白色具有恶臭的脓汁。此时全身症状明显，跛行加重，食欲减退或废绝，明显消瘦，产奶量骤减，生产能力丧失，蹄壳脱落或腐烂变形。

【防治措施】

治疗

①**修蹄**　将牛固定在柱栏内，用绳将患肢吊起并固定，以 2％煤焦油酸溶液或 4％硫酸铜液洗净患蹄。患蹄如有坏死腐烂组织，用蹄刀彻底除去，如发现蹄底深度化脓，用小刀扩创，使脓性分泌物排出。创内可撒布硫酸铜粉、高锰酸钾粉或用松馏油棉球填塞，装蹄绷带后，将病牛置于干燥圈舍内饲喂。

②**应用抗生素**　当病牛体温升高，全身症状严重时，可应用磺胺类药物和抗生素治疗。如磺胺二甲基嘧啶，按0.12克/千克体重，1次静脉注射；或磺胺嘧啶，按50～70毫克/千克体重，静脉或肌内注射，每日2次，连注3日。金霉素或四环

素,按 0.01 克/千克体重,1 次静脉注射。

③解除酸中毒　可用 5% 葡萄糖生理盐水 1 000～1 500
毫升、5% 碳酸氢钠注射液 500～800 毫升、25% 葡萄糖注射液
500 毫升、维生素 C 5 克,1 次静脉注射,每天 1～2 次。

预防　①加强饲养管理,减少蹄部的损伤。搞好环境卫生
消毒,创造干净、干燥的环境条件,保护牛蹄健康。运动场平
整,及时清除异物和粪便。②在厩舍门口可放干的防腐剂或
药液,如 2%～4% 硫酸铜溶液,硫黄石灰(1：15)药液;潮解
的石灰或 5 份硫酸铜和 100 份石灰相混,令牛从中经过。③
饲料中添加二氢碘化乙二胺和尿素或硫酸锌饲喂,对腐蹄病
有预防作用。

蹄 糜 烂

蹄糜烂指蹄底和球负面角质的糜烂。常因深部组织继发
感染,临床上出现跛行。

【病因】　牛舍阴暗潮湿,运动场泥泞,粪便未及时清除,
致使圈舍、运动场内污物堆积。牛蹄长期受污水、粪尿浸渍,角
质变软,细菌感染;蹄形不正,蹄底负重不均;指(趾)间皮炎、
球部糜烂及牛患热性病时诱发本病;管理不当,未定期进行修
蹄,无完善的护蹄措施。

【诊断要点】

发病特点　本病以乳牛多发,后蹄多于前蹄,阴雨潮湿的
季节比干燥季节发病多,内侧指和外侧趾比外侧指和内侧趾
多发,老龄牛比青年牛多发。经对乳牛发病统计,本病占蹄病
总发生率的 7%。

临床症状　本病常呈慢性过程,无异常现象出现。当深部

组织感染化脓时出现跛行。患牛频频倒步,球关节以下屈曲,站立减负体重。有的患牛踢腹,患蹄打地。前蹄患病时前肢向前伸出。检查蹄底或修蹄时,见蹄底磨灭不正,蹄底或球部出现小的黑色小洞,有时许多小洞可融合为一个大洞或沟,表面角质疏松、碎裂、糜烂、化脓,蹄底常形成潜道,管道内充满污灰色、污黑色或黑色液体,具腐臭难闻气味。

炎症蔓延到蹄冠、球节时,关节肿胀,皮肤增厚,失去弹性,疼痛明显。化脓后,关节破溃,流出乳酪样脓汁。病牛全身症状严重,体温升高,食欲减退,产乳量下降,消瘦,运步呈"三脚跳",喜卧不站或卧地不起。

【鉴别诊断】 蹄部检查见蹄底角质糜烂,从黑色小洞内流出黑色腐臭脓汁,即可确诊。但应与以下几种蹄病做鉴别诊断:

(1)**蹄底挫伤** 由于运动场内地面不平,砖头、石块等钝性物对蹄底挤压,引起蹄真皮损伤。蹄部检查或修蹄时,见蹄角质有黄色、红色、褐色血斑,经过削蹄治疗,血斑痕迹可慢慢消除。

(2)**蹄底刺伤** 由尖锐锋利物体直接刺伤蹄真皮组织所致。突然发生疼痛,跛行明显。检查蹄部,可发现异物存在。蹄部肿胀,蹄抖动,减负体重。

(3)**蹄底溃疡** 跛行时间长而严重。蹄部检查见蹄底与球结合部的角质呈红色、黄色,角质变软,疼痛明显。因角质溃疡,真皮暴露,或有菜花样的肉芽组织增生。

(4)**白线病** 指蹄白线处软角质裂开或糜烂,蹄壁角质与蹄底角质分离,泥沙、粪土、石子嵌入,真皮发生化脓过程。患蹄壁增温、疼痛,白线色变深,宽度增大,内嵌异物。

【防治措施】

治疗 ①单纯性蹄糜烂,先将患蹄清理干净,修理平正,去除糜烂角质,直到将黑色腐臭脓汁放出。用10%硫酸铜溶液彻底洗净创口,创内涂10%碘酊,填塞松馏油棉球,或创内撒布硫酸铜粉、高锰酸钾粉,装蹄绷带。②伴有全身症状牛,应抗菌、消炎。用10%磺胺噻唑钠注射液100~200毫升,1次静脉注射。或磺胺二甲基嘧啶,剂量为0.12克/千克体重,1次静脉注射,每日1次,连注3~5日。金霉素或四环素,按0.01克/千克体重,静脉注射。

预防 ①加强管理,注意环境卫生。及时清除运动场内的石块、异物、粪便,减少蹄外伤和细菌感染。②定期修蹄,防止蹄变形。③应用4%硫酸铜溶液浴蹄,5~7日1次,长期坚持。④对病牛及时治疗,加强护理,促其尽早痊愈。

指(趾)间赘生

指(趾)间赘生又称指(趾)间增殖性皮炎、指(趾)间皮肤增殖。为指(趾)间皮肤组织的慢性增殖性疾病。

本病多发生在2~4胎的奶牛,7胎后发病较少。后蹄比前蹄多发。

【病因】 根据对增生物组织学观察,真皮和表皮都同时增厚,但皮肤之间脂肪和结缔组织正常,组织进行性变化到一定程度就停止,故认为组织的过度增生与遗传有关。蹄趾向外过度开张,引起趾间皮肤过度伸展与紧张;圈舍阴暗潮湿,运动场污秽、泥泞,粪便不及时清除;微量元素锌、镁、钼的缺乏或比例失调等,都是趾间皮肤增殖性炎症发生的重要条件。

【诊断要点】

临床症状 初期,指(趾)间隙背侧穹隆部皮肤发红、肿胀,有一小的舌状突起,此时无跛行出现。随病程发展,增生物不断增大,有些病例组织增生完全填满趾间隙,甚至达到地面,压迫蹄部而使两指(趾)分开,外观呈持久性跛行。

增生物由于受压迫坏死,或受外力损伤,表面破溃,经坏死杆菌、霉菌等感染,可见破溃面上有渗出物流出,具恶臭味,或成干痂覆盖于破溃面。有的形成疣样乳头状增生,由于真皮暴露,当受到挤压及外力作用时,疼痛异常,跛行更加严重。

【鉴别诊断】 本病与腐蹄病的区别是:病变发生在局部,肿胀范围较小;深部组织未见坏死、化脓所形成的窦道;常并发趾间纤维瘤。

【防治措施】

治疗

①药物治疗 用0.1%高锰酸钾液或2%来苏儿液彻底清洗患蹄,增生部可撒布硫酸铜粉、高锰酸钾粉等,装蹄绷带,48～72小时后换药1次,直到增生物消除。

②手术切除法 将牛横卧或在柱栏内保定,局部(掌、跖部)用2%～3%奴佛卡因麻醉,用绳套或徒手将两指(趾)分开,充分暴露增生物,用钳夹住增生物,沿其基部做梭形切口,切开皮肤及结缔组织直到脂肪显露为止,创内撒布抗生素,创缘用丝线做2～3针结节缝合,外涂以松馏油,用绷带包扎,隔3～4日更换绷带1次,2周后拆除绷带。

预防 加强饲养管理,牛舍、运动场粪便及时清除,污水及时排除,使之清洁、干燥,保持牛蹄干燥,以减少感染机会。日粮营养要平衡,充分注意锌、镁、钼的含量与比例,防止不足或缺乏。坚持采取蹄保健措施,定期修蹄和蹄药浴,防止或减少蹄变形。

蹄 叶 炎

蹄叶炎为蹄真皮与角小叶的弥漫性、非化脓性的渗出性炎症。其临床特征是蹄角质软弱、疼痛和有程度不同的跛行。

本病多发生于青年牛及胎次较低牛，散发，也有群发现象。肉牛、奶牛都有发病。

【病因】

(1)饲养不当，日粮不平衡　这主要是由于追求产奶量而片面增加精饲料的喂量，致使营养失衡。

(2)粗饲料不足，品质低劣　母牛粗饲料进食量减少，致使瘤胃消化机能紊乱，胃肠异常分解产物的吸收对机体的不良作用。

(3)管理不良，蹄护理不及时　分娩时，母牛后肢水肿，使蹄真皮抵抗力降低，蹄形不整，又未及时修整，致使其长期不合理的负重。

(4)疾病继发　瘤胃酸中毒、胎衣不下、母牛肥胖综合征、霉败饲料中毒、乳房水肿、乳房炎及酮病等，都可引起本病。

【诊断要点】

临床症状

①急性病例　体温升高达 40℃～41℃，呼吸 40 次/分钟以上，心动亢进，脉搏 100 次/分钟以上。食欲减退，出汗，肌肉震颤，蹄冠部肿胀，蹄壁叩诊有疼痛。两前肢发病时，两前肢交叉负重；两后蹄发病时，头低下，两前肢后踏，两后肢稍向前伸，不愿走动；行走时步态强拘，腹壁紧缩；四蹄发病时，四肢频频交替负重，为避免疼痛经常改变姿势，拱背站立。病牛喜在软地上行走，对硬地躲避，喜卧，卧地后四肢伸直呈侧卧姿

势。

②慢性病例 全身症状轻微,患蹄变形,见患指(趾)前缘弯曲,趾尖翘起;蹄轮向后下方延伸且彼此分离,蹄踵高而蹄冠部倾斜度变小,蹄壁延长,系部和球节下沉,拱背,全身僵直,步态强拘,消瘦。

X 射线检查 蹄骨变位、下沉,与蹄尖壁间隙加大;蹄壁角质面凹凸不平;蹄骨骨质疏松,骨端吸收消失;系部和球节下沉;指(趾)静脉持久性扩张;角质物质消失及蹄小叶广泛性纤维化。

【鉴别诊断】 应与蹄骨骨折、多发性关节炎、腐蹄病、骨软症、维生素 A 缺乏症、破伤风、乳热、镁缺乏症、创伤性网胃炎的继发症等相区别。

【防治措施】

治疗 其治疗原则是消除病因,解除疼痛,校正血液循环,防止蹄骨转位和促使角质的新生。治疗时首先应分清原发性和继发性。①为使扩张的血管收缩,减少渗出,可采用蹄部冷浴。0.25%普鲁卡因 1 000 毫升,静脉注射封闭。②为缓解疼痛,可用 1%普鲁卡因 20～30 毫升行指(趾)神经封闭,也可用乙酰普吗嗪。③放血疗法:成年牛放血 1 000～2 000 毫升。放血后可静脉注射 5%～7%碳酸氢钠注射液 500～1 000 毫升、5%～10%葡萄糖注射液 500～1 000 毫升。也可用 10%水杨酸钠注射液 100 毫升、20%葡萄糖酸钙注射液 500 毫升,分别静脉注射。④保护蹄角质,合理修蹄,促进蹄形和蹄机能的恢复。

预防 ①加强饲养管理,按母牛营养需要,严格控制精饲料喂量,保证充足的优质干草饲喂量。为防止瘤胃内酸度增高,日粮中可加入 0.8%氧化镁或 1.5%碳酸氢钠(按干物质计)与饲料混合饲喂。②加强对乳房炎、胎衣不下、子宫炎、酮病等的治疗,减少继发性蹄叶炎。③加强蹄保健,定期修蹄,减少和缓解蹄变形,使蹄负重合理,防止病程加重。

关 节 炎

关节炎为关节滑膜层的炎症。当慢性浆液性关节炎时,关节因液体积聚,称为关节积水。

【病因】

(1)**损伤** 关节因挫伤、捩伤和脱位等,由于机械性损伤而发炎。如长期卧于砖地、水泥地面的运动场上,突然于硬地上滑倒。

(2)**血源性** 常见于牛患布鲁氏菌病、大肠杆菌病、衣原体病、牛副伤寒、传染性胸膜肺炎、乳房炎、牛产后感染等,细菌经血液循环而侵入关节滑膜囊内而发病。

【诊断要点】

共同症状 指关节炎时所共同具有的症状。急性炎症时,关节肿大,局部增温、疼痛,驻立时减负体重,肢呈屈曲状态,运步出现以支跛为主的混合跛行;慢性炎症时,炎症减轻,跛行减轻或无有,关节积液;化脓性炎时,肿胀严重,不敢负重,运步呈三脚跳,患肢皮下水肿,全身反应明显,体温升高,食欲减退或废绝。

特征症状 指关节炎发生后各自表现的症状。牛以膝关节及跗、腕、系关节炎多见。

①膝关节炎 疼痛剧烈,母牛跛行,公牛拒绝配种。关节液增多,关节肿大或仅在关节囊的前方有膨大现象,运动可听到摩擦音。慢性膝关节炎使骨质肥大,年幼公牛骨骺端发生变

化,下方骨质变厚变密,靠近关节边缘的骨膜增生而形成骨赘。成年牛因关节液蓄积可出现跛行,当关节腔液体转移到第三腓肌的腱下关节囊中时,患肢股部和臀部肌肉很快发生萎缩。

②跗关节炎 关节液增多,跛行较轻,触诊前方及跟腱两旁内、外侧,可感到关节囊内积液,触摸能感到互相流动。犊牛因大肠杆菌病、沙门氏杆菌引起犊副伤寒时,跗关节炎为其症状表现,除了关节肿大、有波动感、穿刺时可流出不同状态的脓液外,病犊全身症状严重,体温升高,食欲废绝,常喜卧而不愿走动。

③腕关节炎 牛的单纯性腕关节炎临床上较为少见。腕关节分为3部分,以桡腕关节活动度大,较易患病,病肢在弛缓时关节液波动明显。本病极易与腕前黏液囊炎混淆,故应区别。后者发生于腕关节前方,外表突出,大者如球状,甚至可掉垂于地,通常无跛行或轻微跛行。

④系关节炎 随着系关节炎症的加剧,渗出液增多,关节变大而出现不同程度的跛行。如果发生很突然,此时应考虑是否指骨骨折。为确诊,需做 X 射线检查。

【防治措施】

治疗

①急性 用温敷、封闭、裹压迫绷带,保持患畜安静。局部用 2％普鲁卡因液做环状注射,外涂布安得利斯(复方醋酸铅散)以消除炎症,外加压迫绷带,阻止渗出。如关节囊内渗出物过多时,可在无菌操作下,抽出关节液,再向内注入 0.5％奴佛卡因青霉素液。醋酸氢化可的松 50～250 毫克、青霉素 20万单位,1 次肌内注射。隔 4～7 日再注射 1 次,每次注射后关节装绷带。或用醋酸强的松龙 15～50 毫克、氢化泼尼松 10 毫

克,关节腔内注射。

②慢性　可用酒精鱼石脂绷带、石蜡疗法、烧烙疗法及火针治疗。

③化脓性　局部可行关节穿刺排脓,用生理盐水,或0.1%雷佛奴尔液,或2%氯亚明液,或3%～5%石炭酸液反复冲洗关节腔,并注入抗生素,每日1次。治疗效果不显著者,可切开关节囊,进行外科处理。全身治疗可用磺胺类药物、抗生素(四环素、金霉素)静脉注射。

预防　加强兽医防疫、消毒制度,防止疫病的发生、蔓延。对已发生感染性疾病的病牛,应加强治疗,以防止病原菌侵入与转移至四肢关节。对牛群要加强护理,提供好的饲养环境,尽量减少各种不良因素对关节的损伤,保证牛体健康。

腕前黏液囊炎

腕前黏液囊炎又称腕部水瘤。为牛常见病。

【病因】　主要是由于腕关节背侧表面长期而又持续的遭受机械性损伤,如牛饲养在水泥地面或其他硬地面上,牛卧倒或起立时腕关节与地面的反复摩擦;拴系饲养时,牛缰绳拴得过短,饲槽与腕部的撞击;其次是周围组织炎症的蔓延及病原微生物的转移、侵入。如牛布鲁氏菌病、结核病等与本病有关。

【诊断要点】

临床症状　在急性浆液性黏液囊炎时,局部出现局限性、波动性肿胀,肿胀呈圆形或卵圆形、增温、疼痛。当炎症转为浆液纤维蛋白性时,肿胀初呈捏粉样,随着渗出液的增多,肿胀明显,具波动感,触诊肿胀处能听到捻发音,患肢机能障碍不显著。当发展为慢性浆液性黏液囊炎时,渗出物数量显著增加,囊壁紧张,渗出物大量积聚,腕前部出现如皮球大的隆起。当纤维蛋白性时,囊壁因结缔组织增生而肥厚,肿胀变得硬固。触诊时疼痛,患肢出现跛行。穿刺时滑液透明,含有絮状纤维素等。由于黏液囊体积过于增大,在运动时皮肤经常遭受机械性刺激而发生硬化或角化。当感染时,也可能形成脓肿。

【防治措施】

(1)**药物治疗** 治疗原则是抑制炎症的发展和渗出,促进渗出物的吸收与消散。初期用碎冰块冷敷,后用温热疗法和皮肤上涂擦发泡剂。也可抽出炎性分泌物,并向囊内注入奴佛卡因、青霉素,最好于腕关节处装压迫绷带。

(2)**手术疗法** 在术前5~7日,先向黏液囊内注入5%~10%碘酊,或5%硫酸钠液,或10%硝酸液,或75%酒精,或5%~10%福尔马林液,以使囊壁坏死、增厚、变硬,然后再进行摘除。手术区在黏液囊的基部,剃毛、消毒,局部做浸润麻醉。基部皮肤做梭形切口,然后剥离皮肤,不要损伤囊壁,完整地将黏液囊摘除,皮肤行结节缝合,并做几排圆枕缝合,最后用绷带加以固定。术后将患畜置于泥土地面并铺以厚的褥草上,单独饲喂,限制活动。

第九章 中毒病

氢氰酸中毒

氢氰酸中毒是由于牛采食或饲喂富含氰苷配糖体的植物及其籽实引起。临床上以可视黏膜呈鲜红色、呼吸困难、全身性震颤、痉挛和突发死亡等为主征。

【病因】 本病发生的主要原因是由于采食或饲喂富含氰苷配糖体的植物和青饲料,如蔷薇科植物——桃、李、梅、杏、枇杷、樱桃等的茎叶及种子,南瓜藤、木薯及其嫩叶、亚麻叶、亚麻籽及其饼粕,尤其是红三叶草、高粱苗、玉米苗及其再生苗等。

氰苷配糖体在植物中或青饲料中的含量,受生长条件的影响极大,如施用氮肥或 2,4-D 除草剂的土壤上生长的和秋后所生长的禾本科作物的幼苗,或收割的再生苗等,含量均增多。

在自然状态下,富含氰苷配糖体的植物,一旦遭受霜冻或生长受阻,就会使植物细胞受伤,并在其中脂解酶的降解作用下,释放出游离的氢氰酸。当牛采食咀嚼后咽入瘤胃中,其中微生物群发酵(即瘤胃内发酵),可继续释放氢氰酸,使之毒力增强而诱发中毒。

【诊断要点】

临床症状 当采食或饲喂上述植物性饲草和饲料后,发病较快,病牛精神先兴奋,后转为沉郁,口角流出大量带有白色泡沫状的涎水,呻吟,磨牙,出现瘤胃程度不同的臌气。全身虚弱,体温下降,心搏动减弱,脉性细小,呼吸浅表,可视黏膜呈鲜红色,瞳孔散大,视力减退,眼球震荡,肌肉震颤,反射机能减弱或消失,步态蹒跚,后肢麻痹,不能负重,卧地不能站起,伴发角弓反张,往往发出吼叫而迅速窒息死亡。

病理变化　急性死亡牛的血液呈鲜红色,凝血时间延长,肌肉色暗。肺、胃肠和心脏等实质器官充血、出血;体腔内有浆液性渗出液;瘤胃内容物释放出氢氰酸气味。

【鉴别诊断】　在临床上应与硝酸盐和亚硝酸盐中毒,加以鉴别。

硝酸盐和亚硝酸盐中毒,在查清牛有采食或饲喂富含硝酸盐饲草饲料发病史的基础上,尸检可见血液凝固不全,并呈黑红色,经暴露于大气中也不变为鲜红色。若进一步确认病性,可应用二苯胺法,检测病牛采食的饲草料、血液、尿液和腹水等病料,如均呈现阳性反应(蓝色或绿色),即可确诊。

【防治措施】

治疗　①先用 5%亚硝酸钠液 40 毫升,1 次静脉注射,随后再用 5%～10%硫代硫酸钠液 200～300 毫升,1 次静脉注射。还可用亚硝酸钠 2 克,硫代硫酸钠 15 克,溶解于注射用水 200 毫升中,1 次静脉注射。必要时可重复注射。②应用美蓝、维生素 C、硫胺素和维生素 B_{12} 等制剂,也有一定效果。

预防　对生长含有氰苷配糖体的植物较多的草场,尤其是处于萌发新嫩叶芽季节,以及收割后高粱、玉米等再生苗生长的耕地上严禁放牧。

对可疑含有氰苷配糖体的青嫩牧草或饲料,宜经过流水浸渍 24 小时以上,或漂洗加工后再用作饲草或饲料。当用亚麻籽饼作饲料时,必须经过煮沸加工工序后才能饲喂。

硝酸盐和亚硝酸盐中毒

硝酸盐和亚硝酸盐中毒是由于采食了富有硝酸盐的饲草或饲料引起,临床以可视黏膜发绀、呼吸困难等急性贫血性缺氧为主征的中毒性疾病。

【病因】 由于饲喂或采食了富含硝酸盐成分的草料,如燕麦草、苜蓿、甜菜叶、包心菜、甘薯秧、芜菁叶以及燕麦、大麦、高粱、玉米及其青贮等,而引起中毒。

使饲草和饲料中富含硝酸盐成分的决定性条件有:①在肥沃土地或施用家畜粪尿以及氮肥的土地上生长的饲草和饲料,如禾本科作物生长的早期阶段;②因雨天日照不足,以及铁、铜、钼、磷、硫、锰等矿物质元素缺乏时,由于生长在这类土地上的植物进行光合作用受到影响,使植物中的硝酸盐不能转化为氨基酸,导致植物中硝酸盐蓄积量过多;③饲草料调制和保管不当,如在日粮中缺乏足够比例的碳水化合物,而品质低劣的粗料过多,或硝酸钠、硝酸铵等化肥被牛误食等,都易使其在瘤胃内被还原成亚硝酸盐而引起中毒。

【诊断要点】

临床症状 突然发病,多数取急性死亡。轻型病牛精神沉郁,不爱走动,当强迫运动时,步态蹒跚。食欲不振乃至废绝,反刍停止,嗳气也大为减少,伴发程度不同的瘤胃臌气,从口角流出含有大量泡沫的涎水,磨牙,呻吟,排尿量减少而频尿,同时呈现腹痛和下痢。重型病牛全身肌肉震颤,四肢乏力,不能站立,多被迫躺卧地上。体温正常或降低,呼吸浅表、促迫,进而呈现呼吸困难,心搏动加快达170次/分钟,脉细而弱,颈静脉怒张,可视黏膜发绀,乳房和乳头淡紫或苍白,妊娠母牛流产。

实验室检验 血凝不全,呈巧克力色。血液中硝酸盐、亚硝酸盐含量增多,尤其是高铁血红蛋白含量明显增多(由正常值的 0.12～0.2 克/100 毫升,增至 9 克/100 毫升)。

病理变化 血液凝固不良呈黑红色,暴露于空气中经久不能变为鲜红色。全身血管出现扩张。

【鉴别诊断】 在临床上应与氢氰酸中毒加以鉴别。

氢氰酸中毒 首先应查清牛采食或饲喂富含氰苷配糖体的饲草及其籽实的发病史。尸检时,血液呈鲜红色,瘤胃内容物释放出氢氰酸气味。为确诊病性,可应用苦味酸试纸法,检测瘤胃内容物等病料如由黄色变为红色或红砖色,即为阳性反应。还可做瘤胃内容物中氢氰酸含量检验,如瘤胃内容物中氢氰酸含量超过 10 微克/克时,即可确诊。

【防治措施】

治疗 ①用美蓝(亚甲蓝)制剂,剂量按 9 毫克/千克体重,用生理盐水或 5%葡萄糖液,制成 4%美蓝注射液,1 次静脉注射,必要时再注射 1 次。②甲苯胺蓝制剂,剂量按 5 毫克/千克体重,配成 5%甲苯胺蓝注射液,1 次肌内注射,每日 2 次。③维生素 C 制剂,剂量按 5～20 毫克/千克体重,1 次静脉注射。

预防 ①在种植饲草和饲料的土地上,限制施用家畜的粪尿和氮肥,以减少其中硝酸盐的含量。②对含有硝酸盐成分的饲草和饲料,在饲喂量上要严格控制,或只饲喂含硝酸盐成分低的作物或谷实部分,或与无硝酸盐成分的饲草和饲料混饲,病牛或体质虚弱的犊牛应禁止饲喂上述草料。③饲喂富含碳水化合物成分的饲料,应添加碘盐、维生素 A 和维生素 D 制剂。④应用添加剂,如四环素饲料添加剂(按 30～40

毫克/千克体重的剂量),或金霉素饲料添加剂(按 22 毫克/千克体重的剂量)。

淀粉渣(浆)中毒

淀粉渣(浆)中毒是由于长期过量饲喂淀粉渣(浆),由其中所含亚硫酸的蓄积所致。在临床上呈现以消化机能紊乱、跛行和瘫痪等为主征的中毒性疾病。

【病因】 淀粉渣(浆)饲喂量过大,喂给时间较长,导致牛瘤胃内亚硫酸盐的蓄积而中毒。

饲喂的淀粉渣(浆)未经必要的去毒处理。日粮不平衡,钙、磷不足或比例不当,微量元素和维生素等缺乏或不足,粗饲料进食不够而处于饥饿状态或有异嗜等,也可成为本病发生的诱因。

【诊断要点】

临床症状 轻型病牛表现精神沉郁,采食量减少,只吃一些新鲜的青绿饲草。反刍不规则,呈现周期性前胃弛缓症状,粪便时干时稀,量也是时多时少,甚至无粪便排出。泌乳性能减退。

重型病牛精神委靡,食欲废绝,或有异嗜,啃泥土,舔食粪尿、褥草。瘤胃蠕动微弱无力。便秘病牛粪干燥,呈深黑色;腹泻病牛排泄大量棕褐色、稀粥样软粪。全身无力,步态强拘,运步时后躯摇摆,跛行,拱背,尾椎骨变软、变形,最后长期卧地不起。

实验室检验 血钙含量降低,尿液 pH 值为 7.2,瘤胃内容物 pH 值为 6.5,硫化物含量达 1.284 毫克/毫升。

【防治措施】

治疗 ①应用钙制剂,提高血钙浓度,缓解低钙血症,可用5%氯化钙注射液100~300毫升、10%葡萄糖酸钙注射液500毫升,1次静脉注射,每日1~2次,连用5~7日为一疗程。②为纠正瘤胃酸中毒,防止机体脱水,可用5%碳酸氢钠注射液500~800毫升、10%葡萄糖注射液500~1 000毫升,1次静脉注射;为防止机体脱水,可用5%葡萄糖生理盐水1 500毫升,1次静脉注射,每日2次,酌情连注3~5日。③为抗菌消炎,防止继发感染,使用氯霉素10~20毫克/千克体重,1次肌内注射,每日2次,连用5日左右;或用硫酸新霉素,5~10毫克/千克体重,溶于0.5%~2%普鲁卡因液10~20毫升,1次肌内注射,每日2次,连用3~5日为一疗程。

预防 应严格控制淀粉渣(浆)的饲喂量,每头牛每日不应超过7~7.5千克。同时要保证充足优质干草的进食量。为了防止中毒的发生,凡饲喂淀粉渣(浆),必须经去毒处理。去毒方法有两种:①水浸法:取淀粉渣加2倍量的水,浸泡1小时后,将其上清液弃去,再用水反复冲洗后饲喂较安全。②晒(烘)干法:经1天日晒或烘干1次,可使其中亚硫酸盐含量降低达60%。当然,晒干或烘干后,安全性虽可靠,但也不要连续饲喂此类饲料,中间要有间隔期。

棉籽饼中毒

棉籽饼中毒是由有毒棉酚通过牛胃肠在肝、肾和心脏特别是肝脏中蓄积而致病。临床上以呈现胃肠、肝脏、肾脏功能紊乱和矿物质代谢障碍为特征。

【病因】 给牛饲喂大量含有有毒棉酚的棉籽饼,尤其是未经加工去毒的棉籽饼,是中毒发生的主要原因。

成年牛由于瘤胃发育已完全,使棉酚能与可溶性蛋白质、氨基酸等结合而形成结合棉酚使毒性丧失,故发病率低。但当日粮营养不全,蛋白质水平低,维生素 A 和铁、钙等缺乏,以及长期饲喂大量未经加工去毒的棉籽饼时,也偶有发病。

【诊断要点】

急性中毒临床症状 病牛食欲废绝,反刍停止,瘤胃蠕动减弱或食滞,呻吟,磨牙,站立不安,可视黏膜发绀,心跳增数达 100 次/分钟,心音微弱。病初便秘,尔后腹泻,排带有黏液稀粪,有恶臭气味。精神委靡,有的呈兴奋状态,运动失去平衡,全身肌肉发抖,消瘦,脱水,眼窝下陷,多数病牛在较短时间内死亡,死亡率高达 30% 左右。

慢性中毒临床症状 病牛消化紊乱,食欲减退,消瘦明显,视力减退,甚至发生夜盲。有的继发呼吸道炎症及慢性增生性肝炎,呼吸急促,贫血,黄疸。妊娠母牛往往流产,公牛多发尿结石,频频举尾,做排尿姿势,或尿淋漓,或尿闭,尿液混浊,呈红色。

犊牛中毒 病犊厌食,体质虚弱,生长停滞,时时腹泻,可视黏膜黄染或苍白。多数病犊呈现佝偻病症状,有的出现夜盲症。

【防治措施】

治疗 ①补液、纠正酸中毒,可用 5% 葡萄糖注射液或复方氯化钠注射液 5 000～10 000 毫升,分 2 次静脉注射;同时还应用 5% 碳酸氢钠注射液 800 毫升,或 11.2% 乳酸钠注射液 200～400 毫升,1 次静脉注射。②患有瘤胃积食症状时,除应用胃导管洗胃外,必要时可应用泻剂,如硫酸镁 500～800 克,加常水配成 10% 溶液,1 次投服;还可用 0.1% 高锰酸钾水 1 000～2 000 毫升,1 次灌服。

预防 ①棉籽饼一定要经过加工去毒后喂牛。通常采用水煮方法,经水煮沸 1 小时后,可去毒达 75.5% 以上。此外,也可用 1.5% 绿矾水浸泡 24 小时,或用 10% 氢氧化钠液、2.5% 碳酸氢钠液和 2% 石灰水等浸泡 1 昼夜后,饲喂更安全。②在长期饲喂棉籽饼时,要注意日粮搭配,保持饲料多样化,可与青绿饲草、胡萝卜混饲,做到维生素 A,钙和硫酸亚铁的平衡供应。③严格控制饲喂量,按日粮精料计算,棉籽饼饲喂量以占 5%～15%(即 1～1.5 千克)为宜。为防止蓄积性中毒,在饲喂一段时间后,应有一个停喂期。④哺乳期犊牛、断奶前犊牛和怀孕母牛对棉籽饼较为敏感,最好不喂。

酒糟中毒

酒糟(包括啤酒糟、高粱酒糟及玉米酒糟)具有质地柔软、气味酒香、适口性好的特点,是养牛的好饲料。但往往因饲喂不当,长期饲喂或突然大量地饲喂,引起酒糟中毒。

【病因】

(1)**日粮调配不合理** 日粮品种少,质量低劣,主要用酒糟取代其他饲料,并长期过量饲喂。尤其是为了提高产奶量,增加膘情,加大酒糟喂量,而粗饲料和干草进食量减少,易引起酒糟中毒。

(2)**酒糟保管不当** 由于遭受日光照射,雨水浸渍,结果发霉变质,产生大量有机酸、杂醇油、龙葵素等有毒物质,如给牛饲喂此种酒糟过多,更可导致酒糟中毒。

【诊断要点】

急性中毒临床症状 病牛呈现一系列胃肠炎症状,腹痛,腹泻,排泄恶臭黏性稀便,脱水,眼窝下陷。心跳加快,脉搏微弱,精神委靡或稍现兴奋,共济失调,步态不稳,四肢乏力,卧地不能起立,最终死于呼吸中枢麻痹。

慢性中毒临床症状 病牛表现消化不良,食欲时好时坏,前胃弛缓,瘤胃蠕动减弱,可视黏膜潮红或黄染。由于酸性产物在体内的蓄积,致使矿物质吸收机能紊乱而导致缺钙现象,骨质疏松,腹泻,消瘦。后肢系部皮肤发红、肿胀,形成皮疹。当水疱破裂后出现溃疡面,上覆痂皮。当皮肤病灶继发感染时,可引起化脓或坏死。有时发生血尿。母牛屡配不孕,已怀孕的也多流产。严重病牛,牙齿松动甚至脱落,跛行,不愿站立,爱卧地上。最终因衰竭、败血症或其他并发症而死亡。

【防治措施】

治疗 ①用5%葡萄糖生理盐水1 500～3 000毫升、25%葡萄糖注射液500毫升、5%碳酸氢钠注射液500～1 000毫升,1次静脉注射,必要时翌日再输注1次。②当病牛脱水等症状有所缓解后,可应用10%葡萄糖酸钙注射液500～1 000毫升、20%葡萄糖注射液500毫升,1次静脉注射,每日1次,连用3日。③碳酸氢钠50～100克,溶解于常水1 000～2 000毫升中,1次投服。④对症治疗。如应用抗菌消炎药、强心药和维生素制剂。

预防 日粮要平衡,严格控制酒糟饲喂量,通常在保证有足够优质干草的前提下,每天饲喂酒糟量以5～8千克为宜。酒糟应新鲜、无霉变。当酒糟堆放时间稍久或发现有轻微变质、酸败时,可添加适量石灰水、碳酸氢钠中和之;若霉败变质严重,应一律废弃,严禁饲喂。为防止酸性物质对钙吸收的影响,在混有酒糟的日粮中应补充磷酸三钙和碳酸氢钠。

尿素及非蛋白氮中毒

尿素及非蛋白氮是由于饲喂的饲料中混加尿素及非蛋白氮化合物添加剂后,在牛瘤胃内释放大量的氨所引起。在临床上以强直性痉挛和呼吸困难为主征。其实质是高氨血症,即氨中毒。

【病因】 尿素 0.5 千克相当于粗蛋白质 1.3～1.4 千克,多作为反刍动物的饲料添加剂,若饲喂量过大(如每天每头牛超过 100 克)、饲喂方法不当(如尿素溶解于水中,以及未经过适应阶段便突然大量饲喂),或在喷洒尿素等化肥的草场上放牧等,都有可能引发氨中毒。

非蛋白氮化合物,特别是铵盐,如硝酸铵、硫酸铵、氢氧化铵等含氮量较高的中性速效化肥,由于保管不善,被牛误食,也可发生氨中毒。

此外,由于饲料中碳水化合物含量不足,而日粮中豆科饲料比例过大,肝功能紊乱,瘤胃液 pH 值升高至 8 以上,以及饥饿或间断性饲喂尿素类添加剂等,也可成为氨中毒的诱因。

【诊断要点】

临床症状 以痉挛性强直和呼吸困难等为本病特有症状。

初期:病牛不安,全身震颤,呻吟,磨牙,口炎,整个口唇周围沾满唾液和泡沫。步态踉跄,共济失调,多数病牛摔倒在地,不能站立。个别病牛眼角膜、结膜发炎或混浊,伴发呼吸道尤其是上呼吸道的氨刺激症状。

中期:食欲废绝,反刍、嗳气停止,瘤胃蠕动大大减弱,伴发程度不同的臌气,同时出现全身强直性痉挛症状,如牙关紧闭、反射机能亢进和角弓反张等。呼吸促迫,张嘴伸舌,阵发性咳嗽,肺部听诊有显著的湿啰音。体温升高,心搏动强劲,心跳加快(100～130 次/分钟),心音混浊,节律不齐。感觉丧失。泌乳性能明显降低。

后期:由于病情恶化,病牛高度呼吸困难,从口角流出大量泡沫涎水,肛门松弛,排粪失禁,尿淋漓,背部出汗,皮温不整,瞳孔散大,结局多窒息死亡。

实验室检验 血氨含量达 1～8 毫克/100 毫升(牛正常值为 0.2～0.6 毫克/100 毫升)。瘤胃液氨含量高达 80～200 毫克/100 毫升。

尿蛋白阳性,尿潜血呈阳性。

【防治措施】

治疗 ①灌服稀醋酸或食醋。常用 1%～3%醋酸液 1～3 升,加适量的常水,1 次灌服。若混加糖蜜适量,疗效更为理想。②5%硫代硫酸钠注射液 100～200 毫升,1 次静脉注射。③对症疗法。强心、镇静可应用樟脑磺酸钠注射液 10～20 毫升,1 次皮下或肌内注射;三溴合剂(溴化钾、溴化钠、溴化铵各 3%水溶液)200～300 毫升,1 次灌服。对瘤胃臌气病牛,可行瘤胃穿刺术放气。继发上部呼吸道、肺感染病牛,应用抗生素治疗。

预防 对饲喂尿素等饲料添加剂的牛群,正确控制用量,以不超过日粮干物质总量的 1%或精料干物质的 2%～3%为宜。同时,在饲喂方法上宜由小剂量逐渐过渡到大剂量,并且不要间断饲喂,使瘤胃内微生物群有个习惯和适应过程。不要单独饲喂尿素等饲料添加剂,应与富含糖类的饲料混饲,但严禁饲喂富含蛋白质的大豆或豆饼等精料。在饲喂时也不宜用水溶解,甚至在饲喂尿素等饲料添加剂后 0.5 小时内也不要饮水。在与其他饲料混饲时,一定要调拌均匀。

对尿素和铵盐类化肥,要加强保管,安全使用,防止被牛偷食或误食。

黄曲霉毒素中毒

黄曲霉毒素中毒是由于牛长期、大量采食或饲喂被黄曲霉、寄生曲霉等污染的饲料所致的中毒性疾病。其临床特征是消化机能紊乱,出现神经症状,剖检可见肝变性、坏死等。

【病因】 用于牛的饲料,如玉米、花生及花生饼、豆类、麦类及其加工副产品等,由于平时保管、贮存不当,在高温和高湿的环境条件下,极易遭受黄曲霉、寄生曲霉污染,并在其生长繁殖过程中产生黄曲霉毒素。黄曲霉毒素中以黄曲霉毒素 B_1 和 B_2,G_1 和 G_2 毒力最强,尤其是黄曲霉毒素 B_1 更强。

当牛群长期大量采食或饲喂上述被霉菌污染而产生毒素的饲料后,即能中毒发病。

【诊断要点】

临床症状 犊牛中毒后生长发育缓慢,多数病犊营养不良,被毛粗刚、逆立、无光泽,鼻镜干燥、皲裂。病初食欲不振,后期废绝,反刍停止,伴发腹痛和神经症状,如磨牙,呻吟,驻立不安,后腿踢腹,惊恐,转圈,盲目地徘徊等。可视黏膜黄染,角膜混浊,出现一侧或两侧眼睛失明。伴有中度间歇性腹泻,排泄混杂血液凝块的黏液样软粪。陷于里急后重的病牛,常导致脱肛,最终昏迷而死亡。

成年牛多数症状较犊牛为轻。病牛除表现精神沉郁外,主要是前胃弛缓,食欲减退,反刍减弱等。泌乳期奶牛奶量下降,甚至无乳。妊娠母牛间或发生早产或流产。

【防治措施】

治疗　对重症病牛,除及时投服盐类泻剂硫酸镁、硫酸钠进行排毒外,还可应用一般解毒、保肝和止血药物,如应用25%～30%葡萄糖注射液500～800毫升,加维生素C 2～4克;或应用20%葡萄糖钙注射液500～1 000毫升,分别1次静脉注射。当伴发心脏衰弱时,可皮下或肌内注射樟脑油10～20毫升,或安钠咖注射液10～20毫升。为了控制继发性感染,酌情应用青霉素300万～500万单位、链霉素3～6克,肌内注射,每日2次。连用5～7日为一疗程。但切忌使用磺胺类药物。

预防　在谷物收割和脱粒过程中,防止堆积发热发霉,做到充分通风、晾晒,使之迅速干燥。为了防止谷类饲料在料库贮存过程中霉败,可试用化学熏蒸法,熏蒸剂有福尔马林、环氧乙烷、过氧乙酸、二氯乙烷和氨水等。若饲料已被霉菌轻度污染,宜用福尔马林熏蒸(每立方米用福尔马林25毫升、高锰酸钾25克,常水12.5升混合),或用过氧乙酸喷雾(每立方米用5%过氧乙酸2.5毫升喷雾),均有抑制霉菌的作用。

氨水熏蒸法　即将可疑黄曲霉霉菌等污染的玉米或其他谷物饲料等堆高超过2.5米,每隔2米处设通氨管1根,与液氮钢瓶出口开关连接(如使用氨水,每根通氨管内径为3～5厘米,由下而上每30厘米处开钻3～4个直径为6毫米的孔),顶部用厚为0.3～0.4毫米的塑料薄膜覆盖,四周也应密封严实。然后往里面充氨气,时间60分钟以上,在饲喂前,先打开薄膜散气1～2天后,再将饲料堆降低一半的高度,以利于残存氨气的挥发。通常自然散气7～10天以上,才能用其饲喂牛群。

碱炼法　用0.1%漂白粉水溶液浸泡饲料后,使其毒素结构被破坏(不呈现蓝紫色荧光),然后再溶于常水,并用常水反复冲洗后饲喂。

霉麦芽根中毒

霉麦芽根中毒是由于牛采食或饲喂霉麦芽根混合饲料所引起的真菌毒素中毒性疾病。在临床上以牛机体肌肉震颤、共济失调和出血性胃肠炎等为主征。

【病因】 由于对麦芽根和高粱啤酒糟等保管不当,堆积时间过久,而遭受荨麻青霉、棒曲霉和米曲霉等霉菌污染,产生的霉菌毒素有荨麻青霉毒素、棒曲霉毒素和米曲霉毒素,棒曲霉还可产生细胞松弛素 E、色氨酸震颤素、脱氧色氨酸震颤素、去甲色氨酸震颤素等多种毒素,牛采食或饲喂了含有上述毒素的霉败饲料,即可发病。

【诊断要点】

临床症状 初期病牛食欲、反刍减退,泌乳性能降低。腹泻,排软稀粪,外附黏液或血丝。体温变化不明显,多在死前升高达 41℃以上。中、后期病牛,呼吸促迫,呼吸数达 80 次/分钟以上,以腹式呼吸为主,鼻孔流出泡沫状鼻液,肺泡呼吸音变粗厉,间或听到干性或湿性啰音。心音先强后弱,心跳加快至 90~100 次/分钟,心音混浊,节律不齐。少数病牛出现胸前和颌下浮肿,且不易消退。

对外界刺激反应敏感,恐惧。肌肉震颤,尤以肘肌最为明显,随后全身肌肉痉挛。眼球突出,目光凝视。站立姿势异常,如头颈伸直,腰背拱起,站立不稳,两前肢呈"八"字叉开,运步僵硬,后肢呈典型鸡跛。关节强拘,特别是跗关节更为严重,极易跌倒,倒地后极难站起。病情严重的多被迫躺卧地上,四肢呈游泳样划动,角弓反张。体温升高达 40℃～42℃,全身搐搦,口吐白沫,心力衰竭而死亡。

实验室检验 白细胞总数增多,其中嗜中性白细胞数平均占 80% 以上,而淋巴细胞数减少到 40% 以下。血钙含量降低。粪便为软便,恶臭并混有大量黏液,潜血呈阳性反应。

病理变化 特征性病变为中枢神经系统和骨骼肌。脑膜下血管扩张、充血,血管周围水肿、出血。皮质部有圆形或椭圆形小软化灶。骨骼肌尤以后躯骨骼肌色泽浅淡、混浊、质脆,并有明显的出血。

【防治措施】

治疗 ①洗胃。应用胃管向胃内投服大量生理盐水,再将其导出,反复多次。也可用大量常水进行直肠深部灌肠。然后投服泻剂,如液体石蜡 1 000～1 500 毫升。②保肝排毒。应用 25%～50% 葡萄糖注射液 500～1 000 毫升、5% 硫代硫酸钠液 200～300 毫升、20% 乌洛托品注射液 100～150 毫升、10% 维生素 C 注射液 50 毫升,1 次静脉注射。③用 5% 葡萄酸钙注射液 500 毫升,或应用 5% 葡萄糖注射液 500 毫升,氢化可的松 0.2～0.5 克,分别静脉注射。④盐酸氯丙嗪注射液,按 1～2 毫克/千克体重的剂量,1 次肌内注射。防止继发感染,可应用磺胺类药物、抗生素治疗。

预防 ①加强饲料保管,防止发霉变质。对大麦芽、啤酒糟等要喂新鲜的,不要堆积存放时间过长。注意饲料库内温度、湿度,保证库内通风、干燥,定期检测,严防霉败。②霉败的麦芽根等,严禁饲喂。肉眼看不出异常的,应先给 2～3 头牛试喂,以观察是否中毒发病。必要时取样化验检查,若确认霉败,要当机立断,坚决废弃。③已受霉菌污染的饲料、地区,应作消毒处理;对贮放饲料的场地除用石灰水冲洗消毒外,对可疑霉菌污染的饲料,按其每立方米空间或体积用福尔马林 25 毫升、高锰酸钾 25 克、常水 12.5 升,混合熏蒸。或用 5％过氧乙酸喷雾。

霉烂甘薯中毒

霉烂甘薯中毒是由于牛误食了一定量的霉烂甘薯引起的真菌毒素中毒性疾病。临床上以呈现急性肺水肿和间质性肺泡气肿以及皮下气肿等为主征。

【病因】 霉烂甘薯即所谓甘薯黑斑病。它是由爪哇镰刀菌和茄病镰刀菌以及甘薯软腐病、甘薯象虫病等感染所致。其产生的毒素有:甘薯酮、甘薯二酮(甘薯宁)、1-甘薯醇、4-甘薯醇和 1,4-甘薯醇等。这些毒素具有耐高温的特点,即通过蒸煮、火烤等处理后,其毒素不易被破坏,不论是用生的或加热变熟的霉烂甘薯,还是用霉烂甘薯加工后的副产品(如粉渣、糟粕等)饲喂牛群,都会引发中毒。甘薯霉烂的原因,多半是由于甘薯收获后贮存保管不当造成,如过热或过冷、过湿或过干、甘薯表皮受伤等,都易遭受黑斑病菌侵害。

【诊断要点】

临床症状 病牛精神沉郁,低头耷耳,从口腔内流出白色泡沫状唾液,鼻镜干燥,鼻黏膜潮红,不时从鼻孔中流出稀薄脓性鼻液,极少数病牛可见混有血丝,眼流泪,结膜充血或呈淡黄色。多数病牛体温在 38℃～39.8℃之间,少数病牛体温可升高达 40.3℃。饮食欲减少乃至废绝,反刍停止,磨牙,呻吟。排粪量少,色黑而干硬,呈算盘珠状,表面附有黏液和血液,有腐臭气味。也有的病牛腹泻,排泄稀软含黏液粪便。瘤胃触诊有坚硬感,蠕动微弱或停止,肠音也弱。病牛肘肌和臀肌呈间歇性战栗。泌乳奶牛因病产奶量大减乃至停止,妊娠母牛往往发生早产或流产。当病情加剧时,病牛显示站立不稳,但不愿卧地,运步时步态蹒跚。

特征性症状为呼吸困难,呼吸次数加快,每分钟 80～90 次以上,伴发呼呼声,如拉风箱。吸气延长,鼻孔开张,使鼻翼向后上方抽缩呈喇叭状。肺部听诊:当肺水肿时,除听到肺泡音粗厉外,尚有支气管呼吸音,以及大范围的湿性啰音;肺间质性肺泡气肿时,还能听到破裂音或摩擦音。肺部叩诊:除小面积呈鼓音外,在肺前下方多呈浊音。心音亢盛,混浊而钝,心区扩大,随病情加剧心音微弱,心跳加快至每分钟 100 次以上,节律不齐。有时因呼吸急促而心音被其掩盖,难以听清。当背部两侧皮下气肿时,触诊气肿上方处,可发出捻发音。气肿还可蔓延到头颈部两侧和肩前等处。

病牛濒死前,呼吸高度困难,头颈伸直,张口伸舌,口吐白沫,眼球突出,瞳孔散大,可视黏膜发绀,颈静脉怒张,多突然倒地挣扎而陷于窒息死亡。重症病牛发病后 1～3 天可能死亡。

实验室检验 血细胞压积值达 60% 以上,白细胞增多,达 15 000 个/立方毫米。

粪便中潜血呈阳性反应,尿液的尿糖、尿蛋白均呈阳性反应。

【防治措施】

治疗

①排毒 应用盐类泻剂,如硫酸镁 300～400 克、人工盐 200～300 克,用常水配成 5% 溶液,1 次用胃管投服。

②解毒及缓解呼吸困难 当病牛体壮、心脏功能尚好时,可先静脉放血 500～600 毫升,再用复方生理盐水 3 000～

4 000毫升、25%葡萄糖注射液 1 000～2 000 毫升,1 次静脉注射。还可应用 5%～10%硫代硫酸钠注射液 100～200 毫升,1次静脉注射。此外,取 3%过氧化氢液 40～100 毫升,用 10%葡萄糖注射液稀释 10～20 倍,按 500～1 000 毫升/小时的速度,静脉滴注,每日 1～2 次。

③解除代谢性酸中毒 酌情应用 5%碳酸氢钠注射液 500～1 000毫升,1 次静脉注射。

④强心 应及时用强尔心注射液 10～20 毫升,或用 20%安钠咖注射液 10 毫升,1 次肌内注射。

⑤减少体液渗出 应用 20%葡萄糖酸钙注射液 500 毫升,或 10%氯化钙注射液 100～150 毫升,1 次静脉注射。当肺水肿严重时,加用硫酸阿托品注射液,剂量 15～30 毫克,1 次皮下注射,或用氨茶碱 1～2 克,溶解于 5%葡萄糖液中稀释后,1 次静脉注射。

预防 在甘薯育苗前,将种用甘薯浸泡于 10%硼酸水(30℃～45℃)中历时 10 分钟,也可将种用甘薯浸泡于50%～70%甲基托布津液中,历时 10 分钟。

在收获和运输甘薯时,注意勿碰伤甘薯表皮,贮存和保管时,也注意把好入窖散热关、越冬保温关和立春回暖关。地窖应干燥密封,温度控制在 11℃～15℃。

严禁给奶牛饲喂黑斑病甘薯及其副产品。对黑斑病甘薯要集中深埋、沤肥或做火烧处理,以防牛群误食中毒。

霉稻草中毒

霉稻草中毒又称蹄腿肿烂病、烂蹄坏尾病、苇状羊茅草(酥油草)烂蹄病等。本病是由于牛采食或饲喂了被多种镰刀菌污染的稻草和苇状羊茅草引起的真菌毒素中毒性疾病。临床上多以耳尖、肢端和尾梢干性坏死、蹄和腿肿烂以及蹄匣和趾(指)骨腐烂脱落为主征。

【病因】 由于稻草贮存在不良环境条件下(如温度过高、湿度过大、缺乏光照等)污染了镰刀菌(包括三线镰刀菌、木贼镰刀菌、梨孢镰刀菌、雪腐镰刀菌等),在其生长、繁殖过程中的代谢产物,如丁烯酸内酯和 T-2 毒素等,一旦被牛误食便发生中毒。

本病的发生有着严格的季节性和地区性,前者是指每年 11 月份至翌年 4 月份发病,其中 1～2 月份可达发病高峰;后者是指水稻盛产地区,如我国南方各省份比北方地区发病率高。水牛发病又比奶牛多。

【诊断要点】

临床症状 病牛精神沉郁,呈现拱背姿势,被毛粗乱,皮肤干燥,可视黏膜微红,鼻黏膜有蚕豆大的烂斑,有的从一侧鼻孔流出鲜红血液。饮食欲、反刍、瘤胃蠕动及排粪情况类似前胃弛缓。通常体温多无变化,少数病牛有体温升高现象。公牛阴囊皮肤干硬皱缩。

病初患肢步态僵硬,见有间歇性提举现象。蹄冠等处肿胀,触诊热痛,继而蹄冠与系部皮肤有环状裂隙,发凉,并从裂隙处渗出黄白色、黄红色液体。患病皮肤破溃、出血、化脓和坏死。疮面久不愈合,放出腥臭气味。肿胀由蹄部蔓延至腕关节、跗关节时,跛行明显,喜卧,不愿站立,更不愿走动。严重病牛蹄匣松动脱落,有的连趾(指)骨一起脱落。有的肿胀可蔓延至前肢肩胛部和后肢股部,当肿胀消退后皮肤干硬,状如龟板。当跗关节以下发生干性坏疽时,有病部分与健康部分皮肤呈明显的环形界限,坏死的皮肤紧箍于骨骼上,干硬似木棒。当坏死处继发细菌感染时,见皮肤破溃,流出黄红色液体,皮肤与骨骼分离,如穿着长筒靴样。

病牛伴发程度不同的耳尖与尾梢坏死,前者坏死长达5厘米,病部与健部界限分明,坏死皮肤干硬呈暗褐色,最后脱落,仅留耳基部;后者干性坏死达 1/3～2/3,甚至整个尾断离,起初尾端变细、不灵活,或肿烂,继而干枯卷曲断离。

【防治措施】

治疗 对病牛加强饲养管理,饲喂优质饲料,并隔离于干燥、保暖圈舍,以利于康复。

对症治疗:对尚未破溃的患处,宜用常水冲洗后,涂布刺激性药物,如松节油擦剂或樟脑擦剂。同时灌服白酒 200 毫升、白胡椒 20～30 克,连用数日,以促进局部血液循环。若已破溃并继发细菌感染时,宜先用 0.1％高锰酸钾液,或 1％～2％来苏儿液冲洗患处,再往疮内撒布磺胺粉、松馏油后,装上蹄绷带。然后再用 1％磺胺嘧啶钠注射液或 10％磺胺噻唑钠注射液 150～200 毫升,每日 2 次肌内或静脉注射,连用 5～7 日为一疗程。为了解毒,可酌情应用 5％葡萄糖生理盐水 1 000～1 500毫升、25％葡萄糖注射液 500～1 000 毫升、10％安钠咖注射液 10～20 毫升、维生素 C 5 克,1 次静脉注射。

预防 秋季收获的稻草,应及时晒干堆垛,垛顶要用塑料布遮盖严实,定期检查,防雨渗入。每当给牛群饲喂稻草时,均要细心检查,对可疑霉败的稻草,用 10％纯石灰水浸泡 3 天,再用清水冲洗并晒干后饲喂较为安全。对已霉败的稻草,不管霉败变质程度如何,绝不可用来喂牛,这是预防本病的关键措施。

麦角中毒

麦角中毒是由于采食或饲喂大量麦角菌寄生的麦类和禾本科饲草料引起的中毒性疾病。临床上以中枢神经系统紊乱、小动脉收缩性痉挛和毛细血管内皮损伤等为主征。

【病因】 麦角菌是一种霉菌。当其寄生于植物的子房内时，可生成大量菌丝，逐渐变为黑紫色、形状似角形的瘤状物——麦角。麦角所含的有毒成分，主要是麦角毒碱、麦角胺、麦角新碱等多种生物碱。

当牛群采食或误喂混杂有麦角的谷物和糠麸或麦角菌寄生的禾本科植物，以及临床上使用麦角生物碱类药物过量，都可引发麦角中毒性疾病。

【诊断要点】 在临床上分为急性和慢性中毒两种。

急性中毒临床症状 临床上以中枢神经系统兴奋型为主。病牛呈现无规则的阵发性惊厥，在每次发作前可呈抑制症状，如嗜睡、站立不稳等。也有的呈间歇性目盲、耳聋症状，皮肤感觉增强与减弱交替。轻型病牛仅见上述症状，而严重病牛，其惊厥发作除局限于一肢或躯体的其他部分外，也有全身性惊厥——癫痫发作，随后呈暂时性麻痹或昏迷。妊娠母牛可在不同时期发生早产或流产。

慢性中毒临床症状 比急性的多见。临床上以末梢坏疽型为主。患病部位多为末梢，尤其是后肢下端，尚有耳尖、尾巴。初期病部发红、肿胀、变硬、敏感，继而感觉丧失，病变局部变黑紫色，皮肤干性坏疽。有的病牛，在蹄和口周围出现环状坏死病变，表面似口蹄疫症状（但口的损伤不扩展到口腔）。待病情发展，其坏死病变处与健康组织分离、脱落。耳尖、尾巴也可发生坏死和脱落。暴露的乳房和乳头的颜色变淡或异常贫血。往往病损处无痛性反应。早期只见跛行,并长期卧地。严重腹泻常是伴发病症。

【防治措施】

治疗 首先将病牛转移到温暖的厩舍内,停止饲喂可疑饲草和饲料,同时应用 0.2%～0.4%高锰酸钾液或 1%鞣酸液灌服或洗胃,使之排除瘤胃内有毒的饲草料。必要时还可用硫酸镁 400～500 克、碳酸氢钠 100～120 克,常水适量溶解后灌服,随后大量饮水。

对病牛末梢皮肤干性坏死病灶,用 0.5%高锰酸钾液洗涤,然后涂擦磺胺软膏,防止继发性感染。

预防 禁喂麦角菌寄生的饲草、饲料。凡可疑有麦角菌污染的地区或牧场,以及收获的谷物、麦类饲草料,在放牧或饲喂前必须严格检查,发现有麦角菌立即清除掉。停止在这类牧场上放牧牛群。

牛蕨中毒

牛蕨中毒是由于牛采食或饲喂大量蕨类植物所致的中毒性疾病。临床上以骨髓损伤和再生障碍性贫血为主征。

牛急性蕨中毒有明显的全身性出血、血汗和骨髓损伤等病变,故分别称为出血病、血汗病和再生障碍性贫血等病名;慢性蕨中毒以间歇性血尿伴发膀胱黏膜肿瘤或膀胱壁赘生性病变等为特征,特称为牛地方性血尿症。

【病因】 蕨为凤尾蕨科蕨属多年生落叶孢子植物。全株有毒,鲜叶干燥后毒性不减。对牛起作用的主要是再生障碍性贫血因子和血尿因子。

牛发生蕨中毒的原因,主要是舍饲牛群饲喂了混有蕨类植物的饲草,或放牧误食了蕨类植物。尤其经过冬春的枯草期,蕨类植物在山野中首先萌发鲜嫩枝叶,放牧在这种草场上的牛群,可在短期间采食大量的蕨类植物,便可发生急性蕨中毒。长期连续采食或饲喂少量蕨类植物后,可发生慢性蕨中毒。每年8～10月份发病较多。不同年龄、品种的牛均可发病,但犊牛和育成牛更为敏感。

【诊断要点】

临床症状　由于牛采食或饲喂蕨类植物的时间、数量以及牛的体质、敏感性等不同,可分为急性中毒、慢性中毒和犊牛中毒。

①急性中毒　病牛精神沉郁,茫然呆立不动,食欲大减,逐渐消瘦,四肢乏力,步态蹒跚,后躯摇摆,卧地不起。放牧中牛群有的掉队或离群呆立,或卧地。病情发展后体温升高达40℃～41.7℃,食欲废绝,瘤胃蠕动减弱乃至消失,反刍停止。排出干燥、色暗或褐红色粪便,有时排泄带血稀便。呈现明显的腹痛症状,不自然的伏卧,回头观腹或以后腿踢腹,不时流出大量涎水,咳嗽。妊娠母牛往往在腹痛发作和努责过程中引发异常胎动乃至发生流产。泌乳奶牛产奶量大减,偶见血性乳。可视黏膜有针尖大乃至粟粒大的出血点、贫血和黄染(黄疸)。有的出现鼻血和口、眼、耳出血和血汗。有的齿龈、口唇黏膜也显出血斑点。会阴、股内侧和四肢系部也有出血斑点。当蚊、蝇、蜱等刺螫或注射时,针孔以及外伤处往往流血不止,甚至出现血肿。病情重剧牛,出现心功能不全,心音混浊、分裂,贫血性杂音,弱脉和频脉(80次/分钟以上)等。呼吸困难,呼吸数每分钟80次以上,伴有湿性啰音。

②慢性中毒　呈现地方性血尿症,以膀胱黏膜肿瘤或膀

胱壁增生性病变为主征。临床上除病牛食欲减退、昏睡、卧地不起等症状外,主要是间歇性血尿、慢性贫血等。

③犊牛中毒 呈现精神迟钝或倦怠,常发喉头水肿、麻痹,呼吸加快、浅表,后转为呼吸困难,伴发喘鸣音。体温升高,少数可见体表和可视黏膜出血现象。

实验室检验 主要以血液变化为主,即出现再生障碍性贫血:白细胞总数减少,多数病牛在 5 000 个/立方毫米以下,重症的在 1 000 个/立方毫米以下。血小板减少至 10 万个/立方毫米,重症的减少至 1 万个/立方毫米。红细胞数、血红蛋白含量均减少,并呈现红细胞大小不匀以及血液凝固时间延长等。

【防治措施】

治疗 重症病牛,只能采取综合疗法:首选是输血和输液疗法,视病牛的体重和病情,可 1 次输注健康牛全血 2 000 毫升,每周 1 次。早期病牛,可望有效。同时应用 5%葡萄糖生理盐水 1 500 毫升、25%葡萄糖注射液 1 000 毫升、10%安钠咖注射液 20 毫升,静脉注射,每日 2 次(心跳快的可用毒毛旋花子苷 K 注射液 5~15 毫升,取代安钠咖)。其次,可应用骨髓刺激剂:鲨肝醇 1 克、橄榄油 10 毫升,溶解后 1 次皮下注射,每日 1 次,连用 5 日为一疗程。此外,酌情应用止血剂、利尿剂以及胃肠调理药物等,进行对症治疗。

预防 舍饲牛群应严禁饲喂混杂蕨类植物的饲草,放牧牛群在放牧前,应用化学除蕨剂黄草灵喷洒蕨叶面,使蕨株枯死成为无蕨类植物生长的草场,然后再放牧较为安全。必要时定期采血检测牛群血象变化,早期发现,及时采取相应的措施。

栎树叶中毒

栎树叶中毒,通称青冈树叶中毒,俗称水肿病。牛由于采食或饲喂大量栎树叶而发病。临床上以消化机能紊乱、体躯下部局限性水肿、胸腹腔积液,以及少尿或无尿等为主征,属危害较严重的牛病之一。

【病因】 本病发生有地区性和季节性,集中发生于栎树(学名为槲树,归属栎属植物,同一属中包括有麻栎、蒙古栎、辽东栎、白栎、栓皮栎等多种)生长的山地、丘陵地带,尤其是每年清明节前后栎树萌发新芽、幼枝时期,当放牧牛群采食一定量后即可发病。栎树枝叶中含有一种水溶性没食子酸和联苯三酚,是本病发生的主要原因。此外,舍饲牛群往往在采食了人工收割的栎树幼叶、嫩芽等补充饲草后,经过一段时间也可发病。

【诊断要点】

临床症状 症状出现的快慢、轻重是与采食或饲喂栎树叶的量,以及病牛体质的强弱有密切关系。当牛采食了一定量的栎树幼叶、新芽后,可在1周左右发病。

初期病牛精神不振,食欲减退,厌食青绿饲草,被毛逆立、粗乱、无光泽,鼻镜发干,磨牙,呻吟,排出的粪便表面附有白色黏液,尿量有所减少。

中期食欲明显减退,瘤胃蠕动微弱,大便干燥,排出呈念珠状的粪球,但有时也排出污黑色稀软粪便,带有腥臭气味。伴发腹痛,站立不安,前冲后退,回视腹部或用后腿踢腹,尿量减少且清淡透明。在胸前垂皮、腹下(脐部为中心)、后躯、臀部、尾根、肛门、会阴、阴鞘等处呈现程度不一的水肿。水肿由后躯向腹下和胸前蔓延,水肿部位无热、无痛,有波动感,针刺可从针孔流出淡黄色透明液体。

后期病牛眼结膜黄染,口腔黏膜有如黄豆大小的溃疡病灶。食欲废绝,瘤胃蠕动停止,病牛多天不见排粪,偶有排粪也呈念珠状的粪球,量极少,但也偶见排泄散发恶臭气味的黑色稀薄黏液性血便。无尿。心音微弱,心律不齐,伴发心内性杂音。呼吸促迫,并发"吭吭"声,从鼻孔不时地流淌黏液脓性鼻液。四肢乏力,不愿走动,最后被迫躺卧于地上。妊娠母牛多发生死胎或流产,继发子宫内膜炎,泌乳性能明显降低。体温在 37℃～39℃之间,重症病牛体温低于常温。病程多为 1～3周,急性病重牛,可在 1 周左右死亡。

实验室检验 血液中非蛋白氮含量升高,达 100 毫克/100 毫升以上。

尿液比重由生理值 1.028～1.045,降低到 1.005～1.015。尿非蛋白氮含量由生理值 5～20 毫克/100 毫升以上,升高达 93～182 毫克/100 毫升。尿沉渣检查,见有红细胞、白细胞、肾上皮细胞以及颗粒圆柱和透明圆柱。

【鉴别诊断】 临床上应与牛出血性败血症、恶性水肿、气肿疽等加以鉴别。

(1)**牛出血性败血症** 又称牛巴氏杆菌病。临床上以体温升高(40℃以上)、肺炎、炎性水肿、急性胃肠炎、内脏广泛性出血等为特征。病料检查:呈革兰氏阴性,为两极染色的巴氏杆菌。

早期配合疫苗接种,抗生素和磺胺类药物治疗,有一定效果。

(2)**恶性水肿** 系经外伤感染腐败梭菌引起的急性人畜共患传染病之一。体温升高。创伤及其周围常现气性炎性水肿,无热、无痛,手压柔软,有捻发音。水肿液呈淡红褐色,常伴发全身性毒血症。细菌学检查可确诊。静脉注射四环素或土霉素,辅以外科疗法,均有疗效。

(3)气肿疽 是由肖氏梭菌引起的牛的热性败血性传染病,又称"黑腿病"。特征是在肌肉丰满的部位发生炎性、气性水肿,指压患部有捻发音。切开肿胀部位有黑红色液体流出。根据病变和细菌学检查可确诊。早期采取综合性治疗,配合气肿疽疫苗接种,可望收到防治效果。

【防治措施】 本病目前尚无特效药物治疗,关键是预防。

治疗 早期对轻型病牛可进行对症治疗。如疑为本病时,应立即停止在原草场上放牧或终止舍饲牛群饲喂混杂幼嫩栎树叶、嫩芽饲草。为尽快清除胃肠内栎树叶等,首先应用油类泻剂,如蓖麻油300～500毫升,或花生油、菜籽油、液体石蜡500～1 000毫升,1次灌服。为了扩充血容量、利尿和强心等目的,可用5%葡萄糖注射液1 000～1 500毫升、复方生理盐水500～1 500毫升、20%安钠咖注射液10毫升、40%乌洛托品注射液50毫升,1次静脉注射,每日2次,连用3～5日。

预防 杜绝采食或饲喂栎树叶、芽等青饲,特别是在栎树萌发新叶芽期间(清明节前后),更应禁止在丛生栎树的草场上放牧。添加栎树幼嫩叶芽作为青饲时,可在饲喂前将其浸泡在1%新鲜石灰水中,历时1昼夜,可以解毒。将10%～15%氢氧化钙液500毫升,混入日粮中饲喂,或用0.05%～0.07%高锰酸钾液4 000毫升,每日或隔日投服,连用2～3周,均可取得较好的预防效果。

有机磷杀虫剂中毒

有机磷杀虫剂中毒是指有机磷杀虫剂通过牛消化道和皮肤等途径进入机体组织所引起的中毒性疾病。临床上以呈现流涎、腹泻、腹痛和肌肉强直性痉挛等副交感神经系统兴奋为主征。

【病因】 ①牛采食了喷洒有机磷杀虫剂的农作物、牧草和青菜或误食了拌过有机磷杀虫剂的种子等。②应用有机磷杀虫剂敌百虫、乐果等防治牛体外吸血昆虫和驱除体内寄生虫时，由于用量过大或使用方法不当，导致有机磷杀虫剂中毒。③误饮被有机磷杀虫剂污染的池塘水、稻田水以及接触用有机磷杀虫剂洗涤过的各种工具和器皿等。④违反使用、保管有机磷杀虫剂的安全操作规程，如在收藏有机磷杀虫剂的库房内存放饲料、饲草和用具等，均有可能引起牛误食或接触而中毒。

【诊断要点】

临床症状 病牛狂暴不安，可视黏膜淡染或发绀。病初体温变化不明显。出现流涎、流泪，鼻液增多，食欲减退，反刍、嗳气减少，甚至停止。瘤胃臌气，腹痛不安，肚腹紧缩，呻吟、磨牙，不时排泄软稀便乃至水泻。尿频，出汗，呼吸困难。随着瞳孔缩小而视力减退或丧失，面部肌肉、眼睑及全身发生震颤，最后强直性痉挛（从头部开始逐渐波及周身），步态强拘，共济失调。病的后期体温升高，惊厥，眩晕，昏迷，四肢冷凉，大出汗，心跳加快，频脉，呼吸肌麻痹，终因心力衰竭而死亡。

【防治措施】

治疗 ①尽快应用1％肥皂水或4％碳酸氢钠液（敌百虫

中毒除外)洗涤体表,对误饮或误食有机磷杀虫剂而中毒的病牛,用2%～3%碳酸氢钠液或生理盐水洗胃。②应用解磷定(又名碘磷定、解磷毒、派姆等)。本复合剂除对敌百虫、乐果和敌敌畏等中毒疗效较差外,对其他有机磷杀虫剂中毒显效甚速,中毒初期的病牛,在静脉注射后数分钟即可出现效果。但其作用时间短暂,仅能维持1.5～2小时,故必须多次用药。解磷定的剂量:20～50毫克/千克体重,静脉注射。同时结合应用阿托品,效果更佳。③双解磷。首次用药剂量:3～6克,溶解于适量5%葡萄糖注射液或生理盐水中,静脉或肌内注射,以后每隔2小时用药1次,但剂量减半。④硫酸阿托品。用量为0.5毫克/千克体重(约比正常剂量大1倍),以总剂量的1/4溶于5%葡萄糖生理盐水中,1次静脉注射;其余的剂量分别肌内和皮下注射,经1～2小时后症状尚未减轻时,可减量重复应用。此后应每隔3～4小时皮下或肌内注射一般剂量的阿托品,以巩固疗效,直至痊愈。⑤对症疗法:如强心、利尿、补充电解质、营养制剂和肝脏解毒药物等。常应用5%葡萄糖生理盐水或复方氯化钠注射液2 000～3 000毫升、10%安钠咖注射液20毫升、维生素C注射液2毫升,1次静脉注射。此外,还可应用维生素B_1、硫代硫酸钠液、葡萄糖酸钙液以及山梨醇、甘露醇脱水剂等,均有裨益。

预防 要严禁饲喂和饮用有机磷杀虫剂污染的饲草、饲料和饮水。当应用有机磷杀虫剂防治牛体内、外寄生虫时,掌握好规定剂量,并按要求操作,防止滥用。对有机磷农药及其杀虫剂的保管、使用,要指定专人负责、监督。

有机氯杀虫剂中毒

有机氯杀虫剂中毒是指有机氯杀虫剂通过牛消化道和皮肤等途径进入机体组织所引起的中毒性疾病。临床上以明显的中枢神经机能紊乱为主征。

【病因】 ①由于有机氯杀虫剂保管、使用不当，污染了饲草、饲料和饮水，致使牛误食、误饮而中毒。②牛采食了喷洒过有机氯杀虫剂不久的作物、麦草和蔬菜类植物。③防治牛体外寄生虫时，杀虫药物浓度过高，涂擦面积过大，经皮肤吸收，或牛群间相互舐食而中毒。

【诊断要点】

急性中毒临床症状 病牛兴奋性增强，感觉过敏，体温升高，可视黏膜潮红，流涎，腹泻，肘部肌肉震颤，眼睑闪动，起卧不安，共济失调，阵发性全身痉挛，失去平衡而倒地，四肢乱蹬，角弓反张，空嚼，磨牙，口吐白沫。这些症状反复发作，间隙期由长变短，病情逐渐加重，最后因呼吸中枢衰竭而死亡。

慢性中毒临床症状 病牛精神沉郁，食欲减退，呈现渐进性消瘦，全身乏力。随着蓄积毒物的致病作用增强，病情加剧，肌肉震颤，后肢麻痹，站立不稳，终因全身失衡被迫躺卧地上。

【防治措施】

治疗 ①经皮肤吸收中毒的病牛，可用清水或1%～4%碳酸氢钠液，彻底清洗牛体，尽早清除皮肤上的毒物。②经消化道中毒的病牛，采用洗胃或灌服盐类泻剂。如六六六、滴滴涕中毒，用1%～4%碳酸氢钠液洗胃；若为艾氏剂中毒，用0.1%高锰酸钾液或过氧化氢液洗胃。还可用人工盐200～300克、硫酸镁500～1 000克，加常水配成5%～10%溶液灌服,以清除胃肠内的毒物(由于六六六、滴滴涕等为脂溶性物质,故严禁使用油类泻剂)。③增强牛机体抗病力,纠正酸中毒,应用10%～25%葡萄糖注射液500～1 000毫升、5%碳酸氢钠注射液500～1 000毫升、10%葡萄糖酸钙注射液500～1 000毫升,1次静脉注射。必要时每日注射1次,连用3日。④对症疗法。缓解神经兴奋性痉挛,可用水合氯醛,剂量为15～20克,加水适量灌服。或用苯巴比妥(鲁米那),剂量按25毫克/千克体重,溶于生理盐水中,1次肌内或静脉注射。氯丙嗪,剂量按1～2毫克/千克体重,溶于注射用水中,1次肌内或静脉注射。由于六六六、滴滴涕对心脏有直接毒害作用,对肾上腺素非常过敏,易导致心室颤动,故严禁使用肾上腺素制剂。

预防　加强对有机氯杀虫剂(农药)的保管,防止污染环境和被牛误食。严禁在喷洒过有机氯杀虫剂的地区或草地上放牧。对喷洒过有机氯杀虫剂的农作物、蔬菜和牧草,应于1～1.5个月以后再放牧或饲喂。驱除牛体外寄生虫时,可选用其他药物。使用有机氯农药时,应严格遵守规定的浓度、用量和方法,不能随意滥用。对已发生有机氯杀虫剂中毒的奶牛,因乳汁中含有残留毒物,严禁哺喂犊牛或出售食用。

有机氟化物中毒

有机氟化物中毒是指有机氟杀虫剂经消化道进入机体组织所引发的中毒性疾病。在临床上以心室纤维性颤动、循环衰竭和神经系统高度兴奋为主征。

【病因】　由于有机氟杀虫剂保管和使用不当,污染了饲草料和饮水后,被牛误食或误饮,或拌有有机氟化物的毒鼠食饵放置不当,也可被牛误食而发病。

【诊断要点】

突发型病牛临床症状 以神经系统高度兴奋为主,如惊恐不安,尖叫,有的狂奔乱跑,全身震颤,间或呈现癫痫样搐搦,随后倒地,剧烈抽搐,角弓反张,渐渐地转变为间歇性发作。呼吸加快达 90 次/分钟,心跳也快到 120 次/分钟,体温无明显变化。有的伴发腹痛、腹泻等症状。严重病牛多在数分钟内陷入循环衰竭而死亡。

潜发型病牛临床症状 精神委靡,嗜睡,卧地不动。食欲废绝,反刍停止,泌乳性能下降,心律不齐,脉搏细弱而快,呈现心室纤维性颤动,四肢无力,不愿走动,呻吟,磨牙,排粪停止。在反复发生间歇性痉挛的过程中,口吐白沫,瞳孔散大而死亡。

【防治措施】

治疗 ①以促使毒物排出为目的,可先洗胃,然后投服盐类泻剂。洗胃多用 0.5%高锰酸钾液或石灰水洗胃,然后投服保护胃黏膜的药物,如 4%氢氧化铝凝胶 250~500 毫升,1 次胃管投服。盐类泻剂常用硫酸镁 800~1 000 克,配制成 5%~10%溶液,1 次胃管投服。②使用特效解毒剂——解氟灵,剂量按每日每千克体重 0.1 克计算,溶于 0.5%普鲁卡因注射液中备用。首次用量达到每日用量的 1/2,肌内注射 3~4 次,直到全身震颤现象停止为止。再出现震颤时,可重复用药。乙二醇乙酸酯(醋精),剂量为 100 毫升,溶于 500 毫升常水中饮服;或剂量为 0.125 毫升/千克体重,1 次肌内注射。此外,还可用 75%酒精 100~200 毫升,或 75%酒精与 5%醋酸等量混合液 1 000~1 200 毫升,1 次灌服。③对症疗法。为镇静可用氯丙嗪注射液 1~2 毫克/千克体重,肌内注射;或苯巴比妥钠注射液 10～15 毫克/千克体重,肌内注射。呼吸困难时,用 25%尼可刹米(可拉明)注射液 10～20 毫升,1 次静脉或肌内注射。防止酸中毒,可静脉注射 5%碳酸氢钠注射液 500～1 000毫升,每日 2 次;为解除痉挛发作,可静脉注射 10%葡萄糖酸钙注射液 500～1 000 毫升。必要时,增注三磷酸腺苷、辅酶 A、细胞色素 C 等能量合剂,都可收到理想的疗效。

预防 平时应加强对有机氟杀虫剂的管理,严防污染饲料与饮水后被牛误食、误饮。对发生中毒死亡的病牛尸体,一律深埋,禁止食用。

慢性氟中毒

慢性氟中毒又称氟骨病。本病是由于采食或饮用含氟量高的饲草料或饮水引起的牙齿和骨骼的特异性病变。临床上以发生对称性斑釉齿和间歇性跛行为主征。

【病因】

(1)**自然条件致病病因** 即地方性氟中毒病因。处于富氟岩石和富氟矿床地区,由于风化的矿物质,不断受到水的淋漓而溶解进入地下水中,致使深、浅井水含氟量都较高。当长期给牛饮用这种井水时,常引起地方性氟骨病。

(2)**工业污染致病病因** 某些炼铝厂、炼锡厂、炼钢厂和磷肥厂排放的废水、废气和废物污染区域附近生长的农作物,含氟量较高,一旦被牛长期采食或饲喂,就可能发病。用作矿物质补充饲料的磷酸钙等含氟量高时,也可引发慢性氟中毒。

【诊断要点】

临床症状 病牛出现氟斑牙和氟骨症。以牙齿的斑釉(对称性)为主要症状,牙齿上有淡黄黑斑点、斑块,重者呈白垩状,并有大面积黄色及黑色锈斑(氟斑牙)。门齿松动,排列不整,高度磨损;臼齿呈波状磨损,特别是前几个臼齿磨损严重或脱落。

骨骼及关节变化,头部肿大,下颌骨肿胀。犊牛、泌乳牛四肢变形、肿胀,尾骨扭曲,第1~4尾椎骨软化或被吸收消失。腰荐部凹陷,坐骨及髋关节肿大,向外突出。严重病牛两侧肋骨有鸡卵大的骨赘。拱背,运步强拘,不灵活。病牛起卧小心,有痛性反应,常卧地不起。

病初采食量大减,反刍和瘤胃蠕动减少,便秘或下痢。时间长久则营养不良,被毛无光泽,皮肤弹性减退,产奶量下降。个别病牛伴发结膜炎,如结膜肿胀、潮红、流泪、羞明等。

实验室检验 尿氟含量 16~68 毫克/100 毫升(生理值为 5~10 毫克/100 毫升),血液氟含量 0.6 毫克/100 毫升(生理值为 0.2 毫克/100 毫升)。有时个别病牛血氟含量接近生理值,而尿氟含量升高明显。

病区氟源调查,可取当地水样、草样测定氟含量。当水氟含量超过 3 毫克/升、牧草氟含量超过 40 毫克/千克时,就有发生氟中毒的可能性。

【防治措施】

治疗 ①补充钙制剂。应用 20%葡萄糖酸钙注射液和 25%葡萄糖注射液各 500 毫升,1 次静脉注射,每日 1~2 次,连用 5~7 日为一疗程。②为了中和消化道中残留氟,可用硫酸铝 30 克,与饲料混合后饲喂,每日 1 次,连用数日。此外,应用乳酸钙(10~30 克/日)、碳酸钙(50~120 克/日)、磷酸二氢钠(60 克/日)等投服,对减低氟化物的毒性,都有一定作用。

预防 不用高含氟量的井水饮牛,也不宜饲喂含氟量高的饲草料。决心脱离高氟污染的工厂及其所处的环境等,是预防本病的根本措施。

铜 中 毒

铜中毒是由于摄食了大量的铜盐,或长期摄入小量的铜盐饲料添加剂以及含有肝毒性生物碱的植物,致使肝脏损伤的中毒性疾病。临床上以严重胃肠炎、黄疸、肾功能衰竭、血红蛋白尿和休克等为主征。

【病因】

原发性铜中毒　急性铜中毒是由于采食了喷洒含铜杀菌药的植物,或投服了含铜驱虫剂,或饲喂了过量的含铜饲料添加剂(犊牛急性铜中毒致死剂量为 20～110 毫克/千克体重,成年奶牛急性铜中毒致死剂量为 220～880 毫克/千克体重),均可引发急性铜中毒。慢性铜中毒多由于所在地区土壤中含铜量过高,或由于铜矿厂、炼铜厂"三废"处理不当,污染了周边土地、水源等,当牛群采食了上述土地上生长的牧草和饮用了铜污染的饮水,形成铜的蓄积而致病。

继发性铜中毒　即肝源性铜中毒。其病因主要是采食了含有肝毒性生物碱的植物,如天芥菜、千里光和蓝蓟等,致使肝细胞对铜的亲合力增强,而肝铜蓄积量增多,导致发生典型的慢性铜中毒症,并呈现溶血现象。饲喂的草料中钼含量虽不太多,但低钼含量也可促进牛机体对铜的吸收和利用,从而诱发蓄积性铜中毒。

【诊断要点】

临床症状

①急性铜中毒　主要症状是严重胃肠炎,伴发腹痛性剧烈的腹泻,粪便中混有黏液,呈绿色或蓝色。病牛精神沉郁,厌

食,体温低,心跳快,机体脱水,可视黏膜淡染或黄染,肾功能衰竭,血红蛋白尿,多因虚脱、休克而死亡。

②慢性铜中毒 食欲剧减乃至废绝,但饮欲大增。可视黏膜苍白或黄染,精神委靡不振。排出的粪便变黑,血红蛋白尿。通常在病后不久,多死于肾功能衰竭,死亡率较高。

实验室检验 血细胞压积值为10%(生理值为40%)。血铜含量高达生理值(100微克/100毫升)的5倍以上。

血红蛋白尿呈强阳性反应。

【鉴别诊断】 本病应与钩端螺旋体病、产后血红蛋白尿(症)等加以鉴别。

(1)钩端螺旋体病 是由钩端螺旋体引起的人畜共患传染病。病牛以发热、黄疸、出血性素质、血红蛋白尿、流产、皮肤和黏膜坏死与水肿等为特征。可通过查出血液、尿液、胎儿胸水中的致病性病原体确定病性。

(2)产后血红蛋白尿(症) 见第五章母牛产后血红蛋白尿(症)。

【防治措施】

治疗 由于误食铜盐过多而中毒的病牛,尽早应用0.1%亚铁氰化钾(黄血盐)溶液洗胃,也可投予牛奶、鸡蛋清、豆浆或活性炭等肠黏膜保护剂,以减少铜盐的吸收并加速排出。

对铜中毒的病牛,可用钼酸铵50～100毫克或硫酸钠0.3～1克,经口投服,每日1次,连用3日。还可用二巯基丙醇注射液,剂量为2.5～5毫克/千克体重,1次肌内注射;或用依地酸钙钠3～6克,用生理盐水稀释为0.25%～0.5%溶液,1次静脉注射。

预防 严防喷洒硫酸铜液等农药污染饲草料,对药用铜制剂要掌握用量适当,补饲铜饲料添加剂时,必须与饲料混合充分、均匀,控制饲喂量。还可用细石膏粉 63.5 千克、钼酸钠 0.5 千克和食用盐 86 千克,制成含钼的舐剂,任牛群舐食。

铅 中 毒

铅中毒是由于牛误食和误饮了含铅物质及被铅污染的饲料和饮水引发的中毒性疾病。在临床上以外周神经变性综合征和胃肠炎等为主征。

【病因】 ①主要见于牛误食了含铅的油漆、颜料和含铅的机油、润滑油以及砷酸铅农药等。②牛误饮了炼铅厂、冶炼厂的废气、废水污染的井水或河水,以及长期饮用由铅制的饮水槽、自来水管存放或流出的水等。③因矿物质中磷缺乏而引发的异嗜,可以诱使牛舐食含铅涂料和金属铅,造成铅中毒。

【诊断要点】

急性中毒症状 多见于犊牛。突然呈现神经症状,如口吐白沫,空嚼磨牙,眨眼,眼球转动,步态蹒跚。头、颈肌肉明显震颤,吼叫,惊恐不安。对触摸和音响感觉过敏,瞳孔散大,两眼失明,角弓反张。有的表现狂躁不安,横冲直撞,爬越围栏,或将头用力抵住固定的物体;对人追击,但步态僵硬,站立不稳。脉搏加快,呼吸促迫、困难,最终多由于呼吸衰竭而死亡。

亚急性中毒症状 多见于成年牛。呈现胃肠炎症状,如精神委靡,饮食欲废绝,流涎,磨牙,眼睑反射减弱或消失,失明。瘤胃蠕动微弱,腹痛,踢腹,初便秘,后腹泻,排泄恶臭稀粪。有的出现感觉过敏和肌肉震颤,间歇性转圈,盲目走动,共济失调。有的则呈现极端呆滞,或长时间呆立不动,或卧地不起,最后死亡。

由于环境污染而长期摄食低水平含铅的饲草料时,只呈现亚临床铅中毒症状,表现为病牛生长速度减慢,以及新生犊牛畸形。

【防治措施】

治疗 ①为了缓解惊厥等神经症状,可应用水合氯醛,剂量为 0.08～0.12 克/千克体重,以生理盐水或 5％葡萄糖液配制成 10％溶液,1 次静脉注射;或用戊巴比妥钠,剂量为 15～20 毫克/千克体重,以注射用水配制成 3％～5％溶液,1 次静脉注射,均可使病牛镇静。②为促使铅离子形成可溶性铅络合物,促进其排泄出体外,可用乙(烯)二胺四乙酸二钠钙(CaNa$_2$-EDTA)3～6 克,以 5％葡萄糖液,配制成 12.5％溶液,1 次静脉注射。若皮下注射时,则应用 5％葡萄糖液,配制成 1％～2％溶液,剂量为 60～100 毫克/千克体重。此两种浓度不同的制剂,每日 2 次,连用 4 日后停用。隔数日后根据需要酌情再用或不用。如与二巯基丙醇合用,疗效最好。③二巯基丙醇.剂量:首次 5 毫克/千克体重,以后每隔 4 小时再肌内注射半量,随后酌情减量。④硫酸镁 400～500 克,用常水配制成 10％溶液,1 次灌服,或用 1％～2％硫酸镁液洗胃。⑤对症疗法。脱水厌食病牛,可补充葡萄糖生理盐水,体温升高的可应用抗生素、磺胺类药物,对贫血病牛,尤其是犊牛,可用健康牛血液进行输血治疗,效果明显。

预防 加强对含铜涂料、油漆及其容器等的保管和处理,不得乱放乱抛;刷拭牛舍、围栏时,避免使用带铅涂料或油漆,必需用时也要等彻底干后,再进牛群;严格控制放牧草场,凡已知是生产铅的厂矿地区,严防牛群在其附近区域放牧;平时饲养要注意日粮营养平衡,特别要供应足够的钙、磷及微量元素,预防牛发生异嗜(癖)。

钼 中 毒

钼中毒又称腹泻病或泥炭泻、地方性血尿症、白毛红皮综合征等。本病多是由于摄食高钼低铜饲草料后引发的中毒性疾病。在临床上以继发性低铜血症、持续性腹泻、被毛脱色和生长发育不良等为主征。

【病因】

(1)**中毒与饲草料含钼量的关系** 当地理分布属于腐殖土和泥炭土土壤时,其含钼量高,即天然高钼土壤;铅合金厂、冶炼厂附近地区,由于排放含钼废水的污染,也可形成高钼土壤。在上述高钼土地上生长的饲草料势必含钼较高。据报道,饲料中含钼 10 毫克/千克,每天摄食量达 120～125 毫克时,可引起牛钼中毒。饲草料中钼含量又与铜含量有着极为密切的关系。有试验证明:饲草料中铜与钼的比例以 6～10∶1 为最适宜,若其中铜与钼比低于 2∶1,即铜含量不足钼含量的 2倍时,就可引起钼中毒。

(2)**中毒与饲草料品种的关系** 豆科植物根系吸收土壤中钼的量,比其他禾本科牧草要多。因此,苜蓿、三叶草等生长旺盛的或再生的含钼多,牛采食后易发生钼中毒。

(3)**中毒与牛品种的关系** 家畜中以牛对钼最敏感,水牛易感性比奶牛、黄牛高,犊牛及青年牛比成年牛敏感性大,临床症状也明显。

(4)**中毒与牛机体状况的关系** 处于泌乳高峰期的牛、妊娠牛、哺乳犊牛、营养不良牛以及罹患肝片吸虫病和其他疾病的牛等,都易促使发生钼中毒。

【诊断要点】

临床症状

①成年牛　牛采食高钼饲草料后,8～10日开始腹泻,粪稀呈水样,患牛被毛无光,干燥而竖立,肋骨外露,明显消瘦,贫血,行走无力,卧地不起。随后皮肤发红,从头开始逐渐波及躯干乃至全身,发红的皮肤水肿,指压退色。腹泻历时45～60天,黑色被毛变白,还有的变红黄色或暗灰色。最先呈现于眼周围,眼周围因毛色变白,似戴眼镜样。同时呈现骨质疏松症症状,如尾椎骨被吸收,尾尖变软乃至消失,骨质疏松变化逐渐加重,常发生骨折。母牛常不发情,流产;公牛曲精小管上皮细胞损伤,精子生成减少,活力也降低,性欲减退或丧失,繁殖力降低明显。

②犊牛　以佝偻病症状为主。如犊牛呈现运动异常,步态强拘,关节僵硬,起立困难,爱驻立不爱走动,跛行。真假肋骨结合处呈念珠状肿,股骨端、跖骨端肿大特别明显。

实验室检验　血液中钼含量上升达 0.07～0.1 毫克/100 毫升(生理值为 0.05 毫克/100 毫升),血液铜含量下降为 16～60 微克/100 毫升(生理值为 100 微克/100 毫升)。

【防治措施】

治疗　对已罹患钼中毒病牛,除供应优质不含钼的饲草料外,同时应用硫酸铜 2～3 克,加适量的常水溶解后,1 次灌服,连用 3～5 日。或应用硫酸铜 1 克和碳酸钴 1 毫克/50 千克体重,溶解于常水后,1 次投服,每周 1～2 次,对钼中毒病牛有卓越疗效。此外,可用甘氨酸铜或 EDTA 铜-钙合剂 120～240 毫克,皮下或肌内注射,连用 1 周。

预防　首先应对本地区土壤、饲草料中含钼量情况有所了解,当已知钼含量较高时,应在饲草料中增添铜制剂,使铜含量增加到 5 毫克/千克饲草料,可控制钼中毒的发生。500千克体重的奶牛,每日采食量 15 千克干物质,每日每头奶牛可采食 300 毫克铜,可预防钼中毒发生。

对疑似钼中毒牛群中的临产母牛,产前可注射铜制剂,以使新生犊牛从乳汁中获得一定量的铜,防止发生钼中毒;对其中有发情表现的母牛,在配种前注射铜制剂,也有助于提高受胎率。

硒 中 毒

硒中毒又称瞎闯病、碱病。本病是由于摄食了硒含量过高的饲草料或硒制剂用量过大而引发的中毒性疾病。临床上以胃肠炎和肺水肿等为主征。

【病因】

(1)长期大量饲喂含硒量高的饲草料 在土壤中硒含量过高的特定地区或硒工业矿山和冶炼厂周边环境硒污染地区土地上生长的农作物中,含硒量显著升高。用其长期饲喂奶牛,多易发生硒中毒。

(2)硒制剂或含硒添加剂用量过大 以牛为例,按每千克体重 1.2 毫克的剂量皮下注射硒制剂,即可引起中毒死亡。

(3)日粮中钴含量不足 当日粮中钴含量不足或蛋白质饲喂量不能满足奶牛群生理需要时,皆可增加硒中毒的可能性。

【诊断要点】

临床症状

①急性硒中毒 病牛精神沉郁,可视黏膜发绀,食欲减

退,流涎,消瘦,被毛粗乱无光泽,步态蹒跚。呼吸急促,心搏动亢进,脉细速而弱。腹痛,瘤胃臌胀。视力减退乃至失明。就地转圈或无目的地游走,并以头部抵物。较短时间内出现衰竭,病后 1~2 天内死亡。

②慢性硒中毒　病牛可视黏膜苍白,食欲不振,渐进性消瘦,呈现前胃弛缓症状,腹痛,腹泻。步态不稳,共济失调。当视力减退或失明后,则到处瞎撞,无目的地徘徊。被毛粗刚、无光泽。四肢末端、尾根部被毛脱落。四肢疼痛,跛行,蹄冠肿胀,蹄壳畸形,蹄匣脱落。

犊牛发病后,生长发育不良。母牛发情周期紊乱,受胎率降低。妊娠母牛易发流产(死胎)。病程由数周至数月不等,最终多死于呼吸中枢衰竭。

实验室检验　血液中血红蛋白为 7 克/100 毫升。血硒含量升高达 3 毫克/100 毫升。

尿液中硒含量升高达 4 毫克/100 毫升。

【**鉴别诊断**】　临床上应与铅中毒、维生素 A 缺乏症等,加以鉴别。

(1)**铅中毒**　牛群由于误食铅化物引起发病,以外周神经变性综合征和胃肠炎等为主征。成年牛中毒后以胃肠炎症状为主,如厌食、腹痛、便秘、腹泻等。有的呈现神经症状。犊牛中毒后以神经症状为主,如感觉过敏,颈肌抽搐并惊厥、哞叫。瞳孔散大,两眼失明;角弓反张。有的呈现狂躁症状。多数死于呼吸中枢衰竭。

(2)**维生素 A 缺乏症**　见第五章维生素 A 缺乏症。

【**防治措施**】

治疗　当可疑或认定为硒中毒时,应立即停喂含硒饲料,同时应用对氨苯胂酸解毒剂,剂量按 0.01％的比例拌入饲料中喂给,可减少对硒的吸收,促进硒的排出。

预防 首先应了解所在地区土壤及其生长的植物中硒含量状况,以及水源情况,有针对性地采取相应措施。在硒含量过高地区饲养牛群,日粮或饲草料中应添加硫化合物、适量的铜、维生素 E 以及充分供给蛋白质、亚麻籽油等,对预防本病有良好作用。

第十章　寄生虫病

肝片吸虫病

　　肝片吸虫病是由寄生于牛肝脏、胆管内的片形属吸虫引起的急性和慢性肝炎、胆管炎的寄生虫病,常伴有全身性中毒和营养障碍。

【病原及生活史】

　　病原　属片形属吸虫。有两个种:①肝片吸虫,②大片吸虫。肝片吸虫外观呈叶状,新鲜虫体呈棕红色,长 20～40 毫米,宽 10～13 毫米,前部突出呈锥形,口吸盘位于锥形前端;锥形后,虫体左右展开形成"肩"。腹吸盘位于腹面中线上的肩水平位置,虫体中部最宽,向后逐渐变窄,两根高度分支的肠管沿虫体两侧分布,与褐色的卵黄腺相重叠。睾丸高度分支,前后排列于虫体中部;卵巢呈鹿角状,位于前睾丸右侧前方。肝片吸虫分布于全国各地。大片吸虫,比肝片吸虫大,长 30～75 毫米,宽 5～12 毫米,虫体两侧缘较平行,肩不明显,后端钝圆。分布于长江以南一些省、区。

　　生活史　雌虫产出的虫卵,随胆汁进入肠腔,随粪便排出体外。在外界适宜的条件下,经 10～25 天发育为毛蚴。毛蚴孵出后,在水中游动,钻入适宜的中间宿主——淡水螺体内发育,经胞蚴、雷蚴,最后发育为尾蚴。尾蚴离开螺体,游动于水中,附着在水生植物上或浮游在水面下,脱去尾部,形成囊蚴。牛在吃草或饮水时吞食了囊蚴而遭感染。囊蚴的包囊被消化,囊内幼虫释出,幼虫穿过肠壁到腹腔,再经肝表面钻入肝实质后入胆管;或钻入肠壁静脉,经门静脉再到胆管;从十二指肠的胆管开口处进入肝脏。幼虫在胆管内经 2~3 个月可发育为成虫。虫体在牛胆管内可生存 3~5 年,一般 1 年左右即从动物体内排出。

【诊断要点】

流行病学 本病在多雨年份,特别是在久旱逢雨的温暖季节常促成暴发流行。我国北方地区,动物常在夏季感染;而在气候温和的南方,全年都可感染,但以夏、秋季较多。

临床症状 一般无临床症状,严重感染时病牛逐渐消瘦,食欲减退,反刍异常,出现周期性瘤胃臌胀或前胃弛缓,下痢,贫血,水肿,产乳量下降,孕牛流产,最后极度消瘦而死亡。犊牛症状比成年牛明显。

病理变化 肝脏呈间质性肝炎和胆管炎,质度变硬,肝叶萎缩,胆管扩张,管壁增厚,常出现钙化变硬,胆管呈绳索状突出于肝脏表面。胆管内壁粗糙,内含大量血性黏液和虫体以及黑褐色或黄褐色呈粒状或块状的磷酸盐结石,胆囊肿大。在肺组织中,有时可找到虫体引起的结节,内含 1~2 条虫体。

实验室检验 免疫学方法可用间接红细胞凝集试验或酶联免疫吸附试验。粪便检查虫卵为卵圆形、黄色或黄褐色,窄端有不明显的卵盖,卵内充满卵黄细胞和 1 个胚细胞。肝片吸虫卵大小为 107~158 微米×70~100 微米,大片吸虫卵大小为 144~208 微米×75~90 微米。

【防治措施】

治疗

①硝氯酚(拜耳 9015) 粉剂:剂量 3~4 毫克/千克体重,1 次口服。针剂:0.5~1 毫克/千克体重,深部肌内注射。

②三氯苯唑(肝蛭净)　剂量:黄牛 10～15 毫克/千克体重,水牛 10～12 毫克/千克体重,均为 1 次口服。

③丙硫苯咪唑(抗蠕敏)　剂量:20～30 毫克/千克体重,1 次口服,或 10 毫克/千克体重,向第 3 胃注射。

④硫双二氯酚　剂量:40～50 毫克/千克体重,1 次口服。

⑤硫溴酚(抗虫-349)　剂量:30～50 毫克/千克体重,1 次口服。

预防

①定期驱虫　肝片吸虫病的传播主要是病牛和隐性感染的牛。因此,驱虫不仅有治疗作用,也是积极的预防措施。在我国北方地区,每年应进行 2 次驱虫:一次在秋末冬初,主要是防止牛冬季发病;另一次在冬末春初,目的是减少牛在放牧时散播病原。南方地区每年应进行 3 次驱虫。

②粪便无害处理　牛的粪便应堆积起来,进行发酵处理,以杀死虫卵。驱虫后 1～2 天排出的粪便尤其应作发酵处理。

③消灭中间宿主　灭螺是预防本病的重要措施。可结合农田水利建设,草场改良,以改变螺的孳生条件。如牧地面积不大亦可饲养家鸭,消灭螺蛳。

泰勒虫病

泰勒虫病是由泰勒科泰虫属中的环形泰勒虫、瑟氏泰勒虫寄生于牛网状内皮细胞和红细胞内的疾病。其临床特征是发热、贫血、黄疸、迅速消瘦和产奶量下降。

【病原及生活史】

病原　牛环形泰勒虫虫体小于红细胞半径,形态多样,呈环形、椭圆形、杆形、逗点形等,长 0.7～2.1 微米。姬姆萨染色,细胞质呈淡蓝色,细胞核呈红色、位居于虫体一端。寄生于网状内皮细胞里的虫体,呈不规则形,长度为 22～27 微米,形状似石榴横切面,故称之为石榴体。姬姆萨染色在呈淡蓝色的原生质背景下包含微红色或暗紫色、数目不等的染色质核。

生活史 环形泰勒虫在牛体内进行无性繁殖,牛是其中间宿主,蜱是终末宿主。当带有病原体的璃眼蜱吸食牛血时,子孢子侵入牛体内,于网状内皮细胞内进行无性繁殖,形成许多大裂殖子,继而发育为小裂殖体。小裂殖体崩解后释放出小裂殖子,当其进入红细胞内则变成雌性或雄性配子体。蜱吸食牛血,配子体侵入蜱体内,在其肠内,雌性配子体发育成大配子,雄性发育成小配子,大小配子结合为合子。进一步发育成动合子。动合子钻入蜱唾液腺细胞内发育成孢子体,于唾液腺管内变成子孢子。当蜱吸食牛血时,子孢子侵入牛体内,继续发育、繁殖,呈现出毒害作用。

【诊断要点】

流行病学 残缘璃眼蜱和二棘盲蜱为传播媒介。流行的牧区,以 1～3 岁的牛发病为多,尤以 1～2 岁牛最多。本病有明显的季节性,与蜱的活动季节有密切关系,一般在 6 月下旬到 8 月中旬,而以 7 月份为发病高峰期,8 月中旬后逐渐平息。耐过本病的牛可保持带虫免疫达 2～6 年之久。

临床症状 病牛体温升高,达 39.5℃～41.8℃,呈稽留热型。体表淋巴结肿大,有痛感。呼吸和心跳加快,结膜潮红,流泪。病牛精神不振,食欲减退。此时血液中很少发现虫体。当虫体大量侵入红细胞时,病情加剧。体温升高到 40℃～42℃,鼻镜干燥,精神委靡,可视黏膜苍白或呈黄红色,食欲废绝,反刍停止,拱腰缩腹。初便秘,后腹泻,或两者交替,粪中带黏液或血丝。心跳亢进,血液稀薄,不易凝固。病牛极度消瘦。

病理变化 尸体消瘦,血凝不良。体表淋巴结肿大、出血。脾脏比正常时肿大2～3倍,脾髓软化,肝肿大。第3胃内容物干涸,第4胃黏膜肿胀,有出血点和大小不一的溃疡灶。肠系膜有不同大小的出血点及胶样浸润,重症者小肠、大肠有大小不等溃疡斑。心内外膜有出血斑点。

实验室检验 红细胞数减少,大小不均,并出现异形红细胞。血红蛋白含量降低,淋巴结穿刺液涂片检查可找到石榴体。

【防治措施】

治疗

①输血 取健康牛血500～1000毫升,1次静脉注射。维生素B$_{12}$ 80～120毫克,1次肌内注射。

②药物治疗

阿卡普林 剂量:1毫克/千克体重,以蒸馏水或生理盐水配成1%～2%溶液,皮下注射。

贝尼尔(三氮脒) 剂量:乳牛2～5毫克/千克体重,黄牛3～7毫克/千克体重,水牛7毫克/千克体重,1次肌内注射。水牛只注1次,黄牛、乳牛不得超过3次,每次间隔24小时。

黄色素和阿卡普林合用 第1～2天用黄色素,剂量:3～4毫克/千克体重。第3天用阿卡普林,每日用药1次。

戊烷脒 剂量:3.5～7毫克/千克体重,1次肌内注射,隔日1次,连用2次。

青蒿琥酯 剂量:5毫克/千克体重,1次口服,每日2次,连用2～4日。

预防

①防止将病带入牛场 不从病区引进牛。调运牛时,应选择无蜱活动的季节进行,调运前和到达后半个月,作灭蜱处理

工作。

②加强环境的灭蜱处理　在 10～11 月份,用 0.2%～0.5%敌百虫,或 0.33%敌敌畏水溶液,对圈舍及其墙壁喷洒,以消灭越冬蜱。

③加强牛体卫生,消灭牛体上的幼蜱　开春时,在 2～3月份,用 0.2%敌百虫水溶液喷洒牛体,第 1 次喷洒后半个月,再进行 1 次。

球 虫 病

牛球虫病是由艾美尔科艾美尔属的球虫寄生于牛肠道黏膜上皮细胞内引起的原虫病。临床上以出血性肠炎为其特征。多发生于犊牛。

【病原及生活史】

病原

①邱氏艾美尔球虫　卵囊为圆形或椭圆形,卵囊壁为两层,光滑,厚 0.8～1.6 微米,外壁无色,内壁为淡绿色。卵囊的大小为 17～20 微米×14～17 微米。孢子形成所需时间是 2～3 天,主要寄生于直肠,有时在盲肠和结肠下段也能发现。

②牛艾美尔球虫　卵囊呈椭圆形,卵囊壁两层,光滑,内壁为淡褐色,厚约 0.4 微米,外壁无色,厚 1.3 微米。卵囊的大小为 27～29 微米×20～21 微米。孢子形成所需时间为 2～3 天,寄生于小肠、盲肠和结肠。

生活史　子孢子侵入小肠后端的肠上皮细胞,虫体逐渐发育成第 1 代裂殖体,继而发育成第 2 代裂殖体,寄生于盲肠和结肠上皮,并发育成大配子和小配子。虫卵随粪便排出,通过污染食物经口感染。

【诊断要点】

流行病学 各种品种的牛均有感染性,以 2 岁以内的犊牛患病严重,死亡率高。成年牛是带虫者,本病一般多发生在 4～9 月份。在潮湿、沼泽的草场放牧的牛群,很容易发生感染。冬季舍饲期间亦可能发病,主要由于饲料、垫草、母牛的乳房被粪便污染,使犊牛易受感染。

临床症状 潜伏期 2～3 周。

①**急性** 病牛表现为精神沉郁,被毛松乱,体温略升高或正常。粪便稀薄稍带血液。约 1 周后,症状加剧。病牛食欲废绝,消瘦,精神委靡,喜躺卧。体温上升到 40℃～41℃,瘤胃蠕动和反刍停止,肠蠕动增强。排出带血的稀粪,其中混有纤维素性假膜,恶臭。病后期粪便呈黑色,几乎全是血液,体温下降,在恶病质状态下死亡。

②**慢性** 可能长期下痢,消瘦,贫血,最后死亡。

病理变化 尸体消瘦,可视黏膜苍白。后肢和肛门周围污秽。直肠黏膜肥厚,有出血性炎症变化。淋巴滤泡肿大,有白色或灰色小溃疡,其表面覆有凝乳样薄膜。直肠内容物呈褐色,恶臭,含有纤维素性假膜和黏膜碎片。

实验室检验 取粪便用饱和食盐水浮集法,取上清液镜检,或取直肠刮取物直接镜检,有球虫卵囊,即可确诊。

【鉴别诊断】

(1)**与大肠杆菌病的区别** 大肠杆菌病多发生于生后 10 日龄犊牛,而本病发生于 1 个月以上的犊牛,粪便检查有卵囊。

(2)**与副结核病的区别** 副结核病病程很长,体温不升高,排粪呈喷射状,副结核菌素试验呈阳性反应。

【防治措施】

治疗

①土霉素　剂量:犊牛 20 毫克/千克体重,每日 2～3 次,连用 3～4 日。

②氨丙啉　剂量:犊牛 20～25 毫克/千克体重,口服,连用 4～5 日。

③磺胺二甲基嘧啶　剂量:犊牛每日口服 100 毫克/千克体重,连用 2 日。亦可配合使用酞磺胺噻唑(PST),前者可抑制球虫的无性繁殖,后者可预防肠内细菌继发感染。

预防　①加强犊牛饲养管理,采用单圈饲养栏,1 头犊 1 个圈舍。及时清扫圈舍,保持其干净、干燥、卫生。同时要保证饲料、饮水清洁。②发现本病流行时,将病牛隔离、治疗。圈舍、地面、运动场用 3‰～5‰热碱水喷洒,每周 1 次;粪便、褥草集中堆积进行生物热消毒。③流行严重的牛场,饲料内加莫能菌素,剂量为 20～30 克/吨饲料,连喂 7～10 日。

弓形体病

弓形体病是由龚地弓形体原虫寄生在细胞内所引起的人畜共患疾病。其临床特征是高热、呼吸困难、出现神经症状和流产。剖检见实质器官灶性坏死、间质性肺炎和脑膜脑炎。

【病原及生活史】

病原　弓形虫在全部生活史中可出现数种不同的虫体形态:

①滋养体　呈弓形、月牙形,一端偏尖,一端钝圆,长 4～7 微米,宽 2～4 微米。姬姆萨染色后,胞浆呈淡蓝色,核呈浑蓝色。

②包囊　呈圆形,在慢性或隐性感染的机体中脑细胞内繁殖,直径为 10～60 微米。内含上千个虫体。在急性感染的机体细胞内滋养体繁殖,直径为 15～40 微米圆形体,外膜由宿主细胞所构成,内有几个至几十个虫体。

③卵囊　呈圆形或卵圆形、淡灰色,大小为 10.7 微米×12.2 微米,有一层光滑的薄囊壁。囊内充满小颗粒,在外界适宜环境中,卵内发育形成 2 个孢子囊,每个孢子囊内又有 4 个长形微弯的孢子体。发育成孢子体的卵囊才具有传染性,其抵抗力极强。

滋养体能在牛肾、猴肾等原代细胞中发育良好;卵囊对酸、碱、普通消毒剂、胰酶、胃酶有较高的抵抗力,对干燥和热抵抗力较弱;滋养体对热、干燥、日光和化学药物极敏感,低温有利于其存活,1％来苏儿、1％盐酸,1 分钟内可杀死虫体;包囊对热敏感,低温有利于其保存,乙酸和过氧乙酸为对包囊有效的消毒剂。

生活史　猫及猫科动物为终末宿主。虫体在其肠上皮细胞内进行有性繁殖,最后卵囊从粪内排出。有感染性的卵囊被家畜、鼠、禽和人吞食后,孢子体穿过肠壁随血或淋巴结系统扩散至全身,进入脑、肝、肺淋巴结及肌肉等组织,在细胞内进行无性繁殖,体积增大,引起细胞损伤或破裂,则发生急性感染。

【诊断要点】

流行病学　本病流行广泛。隐性感染或临床型的猫、人、畜、禽、鼠及其他动物都是本病的传播者。传播分先天和后天感染,前者是通过胎盘、子宫和产道等而感染;后者是通过消化道、卵囊或包囊而感染。污染的饲料、饮水、屠宰残渣为常见的传染媒介;呼吸道、皮肤划痕、同栖及交配、输血等接触,均可导致感染。发病呈季节性,以高温、潮湿的夏、秋季多发;幼龄比成年动物敏感,随年龄增长感染率也增高。

临床症状 突然发病,食欲废绝,粪便干、黑,外附黏液和血液,流涎;结膜炎,流泪;体温升高至 40℃~41.5℃,呈稽留热;脉搏增数,呼吸加快,气喘,咳嗽;肌肉震颤,四肢僵硬,步态不稳,共济失调,严重者卧地不起;体表下部水肿;神经症状或兴奋或昏睡;孕牛流产。

病理变化 皮下出血,血液稀薄;胃肠道广泛性出血性炎;肺脏膨隆、水肿,小支气管中有多量浆液性泡沫;肝脏有大小不等的结节和坏死灶;脑膜下充血、出血。

实验室检验

①病料涂片镜检 生前取腹股沟淋巴结,死亡病例取肝和淋巴结抹片、染色,镜检有圆形或椭圆形小体。

②免疫荧光诊断 取肺、淋巴结触片,固定,染色,镜检。视野内有胞浆为黄绿色荧光,胞核暗而不发荧光,形态为月牙形、枣核形,即可确诊。

【鉴别诊断】

与牛流行热的鉴别 取病牛血清,以间接法(双层法)染色,镜检,见无特异性荧光细胞,可证明为牛流行热。

【防治措施】

治疗 ①磺胺嘧啶(SD)、磺胺间甲氧嘧啶(制菌磺,SMM)按 30~50 毫克/千克体重·日,1 次静脉注射,配合使用增效抑菌剂或甲氧苄氨嘧啶(TMP),按 10~15 毫克/千克体重·日,效果更好。 ②磺胺对甲氧嘧啶(SMD),按 30~50 毫克/千克体重·日,静脉注射,连注 3~5 日。③磺胺甲氧嗪(SMP),按 30 毫克/千克体重和甲氧苄氨嘧啶,按 10 毫克/千克体重,每日 1 次,连用 3 次。

预防 ①认真执行兽医防疫制度,防止疫病传扩。牛舍、运动场及时清扫,粪便堆积发酵。定期进行灭鼠工作,牛场禁止养猫,并严防猫入厩舍。②已发生本病牛场,病畜隔离、治疗,其全部用具及污染物,严格消毒。全群牛应采用磺胺药物预防,饲料中添加0.01%磺胺间甲氧嘧啶(SMM)和0.05%磺胺嘧啶,1次饲喂,连续7日。

皮蝇蛆病

牛皮蝇蛆病是由皮蝇科皮蝇属的牛皮蝇和纹皮蝇的幼虫,寄生于牛的皮下组织所引起的。奶牛严重感染牛皮蝇蛆病时,常表现消瘦,产乳量降低,皮革质量受损。幼牛发育受到影响,造成经济上的损失。

【病原及生活史】

病原 牛皮蝇和纹皮蝇形态相似,外形像蜜蜂,体表被有绒毛,触角分3节,口器已退化,不能采食,亦不能蜇咬牛只。体长约15毫米,虫卵产在牛的四肢上部、腹部、乳房区和体侧的被毛上,单个地粘着于被毛上。卵呈淡黄白色,有光泽。纹皮蝇体长只有13毫米,虫卵产在牛后腿的后下方和前腿部分,一根毛上可固着成排的虫卵。

生活史 牛皮蝇与纹皮蝇的发育属完全变态,经卵、幼虫、蛹和蝇4个阶段。在自然界生活的时间只有5～6天。

在夏季,雌雄牛皮蝇交配后,雄蝇不久死亡,雌蝇飞向牛体产卵,产完卵后也死亡。卵经4～7天孵化出第1期幼虫。第1期幼虫钻入皮下移行,最后发育成第3期幼虫到达背部皮下。纹皮蝇的第1期幼虫钻入皮下移行,在感染后的2.5个月可在咽头和食道部发现第2期幼虫。第2期幼虫在食道壁停留 5 个月,最后也移行到牛背部皮下,发育成第 3 期幼虫。幼虫到达牛背部皮下时,在局部出现瘤状隆起,并出现绿豆大的小孔,幼虫以其气孔板朝向小孔。在牛背部皮下,第 3 期幼虫寄生 2~2.5 个月。随着生长过程,幼虫颜色逐渐变成褐色,同时皮肤上小孔的口径也随之增大。成熟后的幼虫经皮孔逸出,落入土中变成蛹,再经 1~2 个月后,羽化为成蝇。

【诊断要点】

临床症状 雌蝇飞翔产卵时,常引起牛只不安、喷鼻蹦踢,竖尾奔逃,影响采食。幼虫钻入皮肤时,引起动物瘙痒、不安和局部疼痛。虫体长时间移行使组织受损伤,在咽头、食道部移行时引发咽炎、食道炎。幼虫分泌的毒素对牛有一定的毒害,常使患畜消瘦,产乳量下降,幼畜贫血和发育不良。幼虫寄生于牛背部皮下时,其寄生部位往往发生血肿和蜂窝织炎。感染化脓菌时,常形成瘘管,经常流出脓液,直到幼虫逸出后,瘘管才逐渐愈合。形成瘢痕,影响皮革质量。

虫体检查 寄生于牛背部皮下组织中的第 3 期幼虫,体较粗大,长约 28 毫米,深褐色,分为 11 节,背面较平,腹面呈疣状带小刺的结节,最后 2 节背腹面均无小刺。虫体前端较尖,无口钩,后端较平,有 2 个呈漏斗状深棕褐色的气孔板。纹皮蝇的第 3 期幼虫与牛皮蝇的相似,体长 26 毫米,虫体最后一节无小刺,第 10 节的腹面只后缘有刺,气孔板较平。

【防治措施】

(1)**加强灭蝇工作** 夏季对牛舍、运动场定期用滴滴涕、除虫菊酯等灭蝇剂喷雾。用 4%~5%滴滴涕,或 0.5%~0.7%蝇毒磷溶液喷洒牛背部,可杀死产卵的成虫。

(2)**保持牛体卫生** 经常刷拭牛体,保持牛体卫生。为消灭背部皮下幼虫,可用 1%~2%敌百虫溶液涂擦,隔 10~20

天洗擦 1 次,或用 0.5%～0.7%蝇毒磷溶液喷洒牛背,隔 30 天处理 1 次,共处理 2 次。如瘤肿较软,可用手指从结节内将幼虫挤出。

(3)消灭进入牛体内的幼虫 当怀疑牛有本病时,为消灭未到达牛背皮下的幼虫,可用倍硫磷 4～10 毫克/千克体重,肌内注射;10%～15%敌百虫溶液,按 0.1～0.2 毫升/千克体重,肌内注射。蝇毒磷按 4 毫克/千克体重,配成 15%丙酮溶液,臀部肌内注射。或用倍硫磷 7 毫克/千克体重,肌内注射,于 11～12 月份进行。

第十一章　其他疾病

支气管肺炎

支气管肺炎又称卡他性肺炎、小叶性肺炎。本病是由多种致病因素引起的肺部疾病。临床上以细支气管和少数肺小叶的肺泡内充满上皮细胞、白细胞等炎性渗出物为主征，多呈现弛张热、咳嗽、呼吸加快以及肺部听诊有异常呼吸音。

本病多发生于犊牛和体弱牛群，以冬、春寒冷季节发病较多。

【病因】　通常在奶牛遭受风寒感冒和饲养不当而使牛机体抵抗力降低时，便可发生微生物感染而致病。此外，机械性刺激或化学因素的作用，如吸入尘埃和刺激性氨和毒气、烟雾等，直接对肺刺激也可引发炎症。又如牛营养缺乏，幼弱老衰、维生素 A 和矿物质缺乏等，也可成为发病的诱因。

继发性病因，常见的有恶性卡他热、结核病、口蹄疫、子宫内膜炎和乳房炎等，病原菌借血液或淋巴途径侵入肺部引发炎症。

【诊断要点】

临床症状　病初呈现急性支气管炎症状，如咳嗽、流鼻液等。先为痛性短咳，以后随着渗出物变稀变多，则转为湿咳、长咳，而疼痛也减轻。两鼻孔流出浆液性后为黏液性或黏液脓性鼻液。随着病势发展而侵害肺脏时，病牛食欲废绝，反刍停止，瘤胃蠕动缓慢，粪干而量少，有的出现腹泻，泌乳性能明显降低。体温升高达 40℃~41℃，呈弛张热（间歇热），呼吸浅表，呼吸数为 40~90 次/分钟，站立时头颈直伸，鼻翼扇动，甚至张嘴呼吸，咳嗽频繁、低弱而呈湿性。脉性细而弱，心跳加快（90~100 次/分钟）。可视黏膜发绀。肺部听诊：病区肺泡音减弱或消失，病灶周围处肺泡音粗厉，发出支气管呼吸音或捻发音；肺部叩诊：病区呈半浊音或浊音（实音），其周围处呈鼓音。X 射线检查：肺边缘模糊不清，在肺的前下部可见有数目不定的散在性病灶。

实验室检验 血液中白细胞总数和嗜中性白细胞增多（约 20 000 个/立方毫米）。病毒性肺炎时，白细胞总数和淋巴细胞均减少。

尿液的 pH 值在 7 以下（呈酸性），尿蛋白定性呈阳性反应。

【鉴别诊断】 本病应与纤维蛋白性肺炎（即格鲁布性肺炎或大叶性肺炎）、牛巴氏杆菌病（即牛出血性败血病）、牛肺疫（即牛传染性胸膜肺炎）、牛结核病等，加以鉴别。

(1)**纤维蛋白性肺炎** 本病是由于多数支气管、肺泡内充满大量纤维蛋白渗出物所致的急性肺炎。病牛体温升高达 40℃~41℃以上，持续 5~6 天退至常温（属稽留热型）。从鼻孔流出铁锈色鼻液，多数病牛则取定型经过，即充血期→红色肝变期→灰色肝变期→溶解期。个别病牛为非定型经过，呈现肺脓肿和肺坏疽，预后不良。

(2)**牛巴氏杆菌病** 本病主要是由多杀巴氏杆菌和溶血巴氏杆菌引发的各种畜禽传染病的总称。在牛即为牛出血性败血病。以高热、肺炎、炎性水肿、急性胃肠炎及内脏器官广泛性出血等为特征。

本病经上呼吸道和消化道感染致病菌而发病，在不良的饲养管理条件下,也可由内源性病菌感染发病。临床上分为败血型、水肿型和肺炎型3种。败血型多在12～24小时内,由于高度衰竭而死亡。水肿型除全身症状外,病牛多在头颈部、咽喉部及胸前的皮下结缔组织发生迅速扩展的炎性水肿,病程多为12～36小时。肺炎型在牛最为常见,临床表现以纤维蛋白性胸膜肺炎症状为主,如体温升高,呼吸困难,干咳且痛,流泡沫样鼻液,后变为脓性鼻液。胸部叩诊有痛性反应和实音区,听诊有支气管呼吸音和水泡性杂音,偶尔听到胸膜摩擦音。病初便秘,后腹泻。病程3～7天。

通过肝、脾触片或心血涂片镜检,可检出呈两极染色、革兰氏阴性的病原菌。

(3)**牛肺疫、牛结核** 分别见第三章牛肺疫、牛结核病。

【防治措施】

治疗 对病牛应加强看护,单独饲养,同时应用抗菌、消炎药物治疗。常用的有青霉素、链霉素,或单独应用或联合应用,如对其有耐药性时,还可用新霉素,5～15毫克/千克体重,肌内注射,每日2次,连用7日为一疗程。四环素,5～12毫克/千克体重,静脉注射,每日2次。或用卡那霉素,6～12毫克/千克体重,肌内注射,每日2次。或土霉素,5～10毫克/千克体重,溶于盐酸土霉素专用溶媒50毫升中,静脉注射,每日2次。或氯霉素,10～20毫克/千克体重,深部肌内注射。或应用磺胺二甲嘧啶,200毫克/千克体重,经口投服,每日1次,连续3～5日为一疗程。

此外,可根据病情采取对症治疗。如强心、利尿、补液和促进渗出物的吸收等。临床上常用撒乌安合剂,具体配方如下:5%葡萄糖生理盐水500～1 000毫升、5%葡萄糖注射液500毫升、10%水杨酸钠注射液100毫升、40%乌洛托品注射液

20～30毫升和20%安息香酸钠咖啡因注射液10毫升,混合后静脉注射,酌情可连用数日,疗效较理想。

预防 加强饲养管理,给牛群提供良好的生存环境,牛舍保持清洁、干燥、温暖和通风,饲料品质良好,营养全价,饲喂方法科学等,以增强牛群体质,提高牛群抗病力。奶牛场要加强牛群例行的兽医防疫措施,定期检疫、消毒和防疫注射。

创伤性心包炎

创伤性心包炎是由来自网胃内尖锐异物铁钉、铁丝和针等刺伤心包而引发的心包化脓性增生性炎症,是创伤性网胃炎的继发症。临床上以顽固性前胃疾病、体温升高、心搏过速、颈静脉怒张、颌下及胸垂水肿和心区异常音等为主征。

[病因] 凡能引发奶牛创伤性网胃炎的病因均可发展成创伤性心包炎。误入网胃的尖锐异物极易由于网胃前后向的收缩而刺入网胃壁,加之网胃又靠近横膈和心脏,一旦发生瘤胃积食、瘤胃臌气、分娩的阵缩、奔跑、爬跨或滑倒等情况,使腹内压增高,便可促使异物穿过膈膜而刺入心包,甚至心肌。随异物及从网胃带入的病原菌的感染,使心脏局限性发炎。心包积聚大量炎性渗出物(液),使心脏受压而产生充血性心力衰竭。

[诊断要点]

临床症状 病牛食欲减退乃至废绝,反刍紊乱,精神极度沉郁,磨牙,呻吟。可视黏膜先潮红后发绀。病牛改变卧地习惯而多站立,且不愿走动,多取前高后低姿势,奶牛常以后腿踏在尿粪沟内。驻立病牛拱背,两肘外展,腿发抖。走上坡路步伐较灵活,走下坡路多不愿迈步或斜走。粪便少而干,有时拉稀粪。泌乳骤减,甚至停止。颈静脉怒张如条索状,颈静脉波动明显。颌下、胸垂等处出现水肿。体温高达 40.5℃以上,皮温不均匀,偶发咳嗽,呼吸浅表、疾速,呈腹式呼吸。心跳加快(100～120 次/分钟),脉搏微弱。叩诊心区浊音区扩大,有时发生鼓音。拳击心区和捏压背部,病牛疼痛躲避。心脏听诊初期听到随呼吸运动的心包摩擦音,随渗出液增多则心音低沉,但心搏动增强,可听到泼水音或拍水音。由于心包内有大量的渗出液和纤维蛋白等原因,叩诊、听诊心区增大。病程较长的病牛,陷入极度消瘦,乏力,严重水肿,呼吸困难。常由于心力衰竭和脓毒血症而死亡。

实验室检验 血液中白细胞总数增多(16 000～30 000 个/立方毫米),其中嗜中性白细胞比例高达 40%～50%,伴有核左移现象。

心包穿刺液多为化脓腐败性渗出液。呈淡黄色、深黄色、淡红色、红褐色或污红色,具有腐败臭味。有时肉眼可见有食糜成分。遇空气易凝固。

【防治措施】

治疗 ①轻型病牛,可试行心包穿刺,放出脓性渗出液,应用无刺激性的消毒液冲洗多次,最后再往心包内注入药液。如用青霉素(200 万单位)、链霉素(2 克)、消化蛋白酶(10 万～20 万单位),混入适量灭菌水后,制成注射液注入,但疗效可疑。②施行心包切开手术,除去异物,偶有成活病牛。通常确诊为本病后,应尽早淘汰、屠宰。

预防 ①加强饲草料的保管工作,不能将铁钉、铁丝、尖锐杂物堆放在草料库附近。要做到不带缝针等金属性异物接近牛群和喂牛,凡见到尖锐异物,随时拣拾清除,尽可能将混杂到饲草料中的金属异物挑拣干净。②在饲草料加工过程中,采用磁铁吸取异物;铡短、粉碎的草料,通过磁筛、磁板将混杂到饲草料中的铁器异物吸取后再饲喂牛群。有的将铅、镍永久性材料铸成圆柱状磁棒(规格为:直径14毫米,长60毫米,重80克),投入牛胃内后不再取出,永久停留于网胃内。③应用磁铁棒装置,吸取网胃内金属异物。

中　暑

中暑又称热衰竭、中暑衰竭或中暑虚脱。本病是指牛群在炎热季节遭受强烈日光、温热、潮湿等物理因子对机体的侵害,导致中枢神经系统机能严重紊乱(包括体温调节机能障碍)。基于病因的不同,分为日射病和热射病两类。

【病因】　炎热季节放牧、驱赶运动过程中的牛群,由于头顶部遭受日光直接照射所引发的中枢神经系统机能严重紊乱称为日射病。当牛群在高温、高湿而通风不良的环境中(如牛只在厩舍内、运输车厢内拥挤闷热)发生的中枢神经系统机能严重紊乱,称为热射病。

奶牛过度肥胖,母牛产后心脏、呼吸机能不全、汗液分泌机能减退(如老龄、幼龄牛的汗腺机能不全)、泌乳性能高的奶牛,加上饮水不足,易发生中暑。适应性差、耐热能力低的牛群,更易发生中暑。

【诊断要点】

临床症状　日射病发病较快,病牛精神委靡,眩晕,四肢运步无力,步态不稳,共济失调。有的突然倒地,四肢作游泳样划动。体温升高,尤其热射病病牛,体温升高达41℃～44℃。病牛张嘴伸舌,从口内流出泡沫状唾液,鼻孔开张,呼吸急促,呼吸数加快(75次以上/分钟),节律失调。心悸亢进,心跳加快达 100 次以上/分钟,心音亢盛,随之出现心音分裂或混浊,脉细弱,心音低沉,静脉先怒张后萎陷。尿量减少或无尿。病牛呈现短期兴奋,烦躁不安,挣扎易动。有的迅速转为高度抑制状态,皮肤、角膜、肛门反射消失,而腱反射亢进。瞳孔初散大后缩小,直至意识丧失。濒危期,有时病牛假死倒地,肌肉震颤和皮肤反射均消失,仅能以心音有无作为死亡与否的标志。濒死期,病牛体温下降,倒地站不起来,静脉塌陷,痉挛抽搐,昏迷,陷于窒息和心脏麻痹而突然死亡。

【防治措施】

治疗 ①迅速将病牛转移到宽敞、凉爽、通风处,尔后应用大量冷水灌注直肠,同时在头部和颈静脉沟上置放水袋冷敷。②多次少量地应用生理盐水和 5%葡萄糖注射液,静脉注射。必要时还可应用氯丙嗪注射液,按 1~2 毫克/千克体重,肌内注射。③放血疗法。一般牛放 500~1 000 毫升,随后静脉注射生理盐水或复方氯化钠注射液 2 000~2 500 毫升,间歇 3~4 小时,再用同剂量药液静脉注射 1 次。④用甘露醇或山梨醇,剂量 500~1 000 毫升,静脉注射,经 6~12 小时,再注射 1 次。⑤洛克氏液(氯化钠 8.5 克,氯化钙 0.2 克,氯化钾 0.2 克,碳酸氢钠 0.2 克,葡萄糖 1 克,蒸馏水 1 000 毫升),剂量为 1 500~2 500 毫升,静脉注射。⑥5%硫酸苯异丙胺注射液(100~300 毫克)或 25%尼可刹米注射液(10~20 毫升),1 次皮下注射;10%安钠咖注射液(10~20 毫升),皮下注射,每日 2 次。

预防 ①做好防暑降温工作,牛栏、圈舍要通风(装通风扇),或对牛体体表喷雾降温;运动场地要搭建遮荫棚,尽量使牛群避免强烈日光长时间曝晒;供应充足的新鲜清洁的饮水,并放置食盐槽,令牛群自由饮用和舔食。②车厢、船舱等长途运输时，必须装置顶蓬、窗帘等遮荫设备，途中给予足够的饮水。③对产前产后的奶牛应设专人看护。对食欲不振，走路不稳健的奶牛，应及时补葡萄糖、补钙制剂并对症治疗。

荨 麻 疹

荨麻疹是由于某些刺激因素作用于牛机体，致使真皮或表皮受到损伤而引起的一种变态反应性疾病。临床上以皮肤表面出现局限性扁平丘疹为特征。

【病因】

（1）**外源性因素**　主要是指外界的各种刺激，如蚊、虻和厩蝇等昆虫类刺螫，接触二氧化碳、石炭酸、松节油和某些抗菌药物，牛机体遭受寒风、雨水的侵袭，各种打击或摩擦刺激等，都可反射性地引起皮肤血管运动神经机能的障碍，而呈现特发性荨麻疹。

（2）**内源性因素**　在牛机体具有过敏素质的基础上，采食了霉败、有毒的饲草料，尤其是新更换的含蛋白质量过高的饲料后，可引发荨麻疹。胃肠道疾病、某些传染病和寄生虫病经过中，应用血清、疫苗、结核菌素以及抗菌类药物，一旦被胃肠吸收，便可发生所谓内源性荨麻疹。

（3）**遗传性因素**　多见于奶牛干奶期，发生乳汁变态反应。

【诊断要点】

临床症状　病牛皮肤多突发瘙痒和迅速出现局限性疹块，直径0.5～5厘米，形状各异，有圆形、环形和椭圆形，顶部扁平，突起于皮肤表面，触摸皮肤紧张，无液体渗出，也无表皮损伤。在无色素的皮肤处可见初呈红色，继而色淡，但边缘仍保留红色。有的病牛随疹块的出现，瘙痒症状明显，啃擦过的皮肤感觉敏感。精神或兴奋不安，或委靡不振，饮食欲减退，消化机能紊乱，伴有腹泻和轻度发热。疹块常在几小时内消失，但多数持续1～2天。有的在3～5天内仍不消退；也有的此起彼落，反复发作。

牛荨麻疹多发生在眼的周围、外阴部、乳房和鼻端等处，也有的分布于全身。因发生乳汁变态反应的病牛，被毛竖立，肌肉震颤，踢腹，舔吮自身，卧地不愿起立，呼吸加快达80～100次/分钟。

【防治措施】

治疗 临床上常用盐酸苯海拉明0.3～0.4克，溶解于注射用水后，1次肌内注射，或用0.1％盐酸肾上腺素注射液5毫升，1次皮下或肌内注射，每日2次。还可用10％葡萄糖酸钙注射液500～600毫升，或用5％氯化钙注射液100～300毫升，1次静脉注射。或用乳酸钙20～30克，加常水适量溶解成液体，1次灌服。

局部治疗前，先用5％碳酸氢钠液冲洗患处，然后用醋酸液（其比值为醋酸2，常水100）、石醛洗剂（石炭酸2，水合氯醛5，酒精200）、水杨酸酒精合剂（水杨酸2，石炭酸2，甘油50，酒精100)等（选用其中1种）涂擦患处，均可收到疗效。

预防 从病史调查入手，查明致病原因，消除致病因素与致病条件。

附　录

（一）奶牛血液有形成分正常值

奶牛血液有形成分正常值

项　目	单　位	犊　牛 (1～30 日龄)	成年牛	测定方法
红细胞	（万/mm³)	660±23.9	612.8±9.2	试管稀释法
白细胞	（个/mm³)	8257±112.2	7002±265	试管稀释法
血红蛋白	克%	8.7±0.7	9.4±0.1	沙利氏法
血细胞压积	V%	36±2.1	38.9±0.4	定量测定法
白细胞分类				
嗜中性	（%)	44.1±4	28.8	常规法
杆状核	（%)	—	3.3±0.5	常规法
嗜酸性	（%)	—	4.0±0.8	常规法
淋 巴	（%)	58.9±3.9	60.7±1.6	常规法
血小板	（万/mm³)	—	28±18	常规法

（二）健康奶牛血液生化值

健康奶牛血液生化值

项　目	单　位	犊　牛 (1～30 日龄)	成年牛	测定方法
二氧化碳结合力	（V%)	40.7±8.3	50.6±0.93	酚红滴定法
血 糖	(mg/100ml)	99.5±14.9	65.2±3.02	福林-吴氏法

项 目	单 位	犊牛 (1～30日龄)	成年牛	测定方法
钙	(mg/100ml)	7.6±1.1	8.5±0.26	邻甲酚酞络合铜
磷	(mg/100ml)	5.4±0.8	6.1±0.53	磷钼蓝比位法
钾	(mmol/100ml)	7.4±1.3	7.3±1.12	四苯硼钠法
钠	(mmol/100ml)	144±28.2	329±2.7	醋酸铀镁法
氯	(mmol/100ml)	101.4±4.6	355±5.6	硝酸汞滴定法
尿素氮	(mg/100ml)	11.6±0.4	9.3	二乙酰-肟显色法
乳 酸	(mg/100ml)		15.8	Barker 与 summerson 法
游离脂肪酸	(μmol％)		184.5	一次提取比色法

(三)健康奶牛尿液指标

尿液及尿沉渣的生理值

尿 液		尿 沉 渣	
检查项目	正常值	检查项目	正常值
尿量(升/日)	15(8～23)	血细胞 红细胞	阴性(-)
色调	淡黄色	白细胞	阴性(-)
气味	特有的芳香味	上皮细胞 肾上皮细胞	阴性(-)
pH值	8～8.6	膀胱上皮细胞	阴性(-)
比重	1.020～1.050	尿路上皮细胞	阴性(-)
尿中蛋白质	阴性(-)	尿圆柱(管型) 红细胞管型	阴性(-)
尿中葡萄糖	阴性(-)	白细胞管型	阴性(-)
尿中酮体	阴性(-)	血红蛋白管型	阴性(-)
尿中潜血(血尿或	阴性(-)	玻璃(透明)管型	阴性(-)
血红蛋白尿)		上皮细胞管型	阴性(-)
尿中尿胆素	痕量～±	颗粒管型	阴性(-)
尿中胆红质	阴性(-)	蜡样管型	阴性(-)
尿中硝酸盐含量	少量～+	磷酸铵镁(棺盖状)结晶	阴性(-)

(四)鲜奶正常标准

鲜奶质量评定标准

鲜乳样	特级乳	一级乳	二级乳
颜　色	呈乳白色或稍带微黄色的均质胶状液体	呈乳白色或稍带微黄色的均质胶状液体	呈乳白色或稍带微黄色的均质胶状液体
气　味	具有新鲜牛乳固有的香味、微甜味，无酸味、臭味、苦味及其他异味	具有新鲜牛乳固有的香味、微甜味，无酸味、臭味、苦味及其他异味	具有新鲜牛乳固有的香味、微甜味，无酸味、臭味、苦味及其他异味
异物检查	无凝块，无草屑、粪土、昆虫、牛毛和金属异物	无凝块，无草屑、粪土、昆虫、牛毛和金属异物	无凝块，无草屑、粪类、昆虫、牛毛和金属异物
酒精试验	阴　性	阴　性	阴　性
酸　度	18°T 以下	19°T 以下	20°T 以下
比　重	≥1.030	≥1.029	≥1.028
脂肪(%)	≥3.20	≥3.00	≥2.80
全乳固体(%)	≥11.70	≥11.20	≥10.80
细菌总数(个/毫升)	≤50 万	≤100 万	≤200 万
煮沸试验	不发生蛋白质凝固	无凝固	无凝固
汞(以 Hg 计)(毫克/千克)	≤0.01	≤0.01	≤0.01

（五）奶牛营养代谢病实验室检查项目参数

奶牛几种营养代谢病检查项目参数

营养代谢性 疾病病名	病料	实验室检验的筛选检验项目
奶牛酮病	血液	酮体含量($\uparrow$)，糖含量($\downarrow$)，钙含量($\downarrow$)，无机磷含量($\downarrow$)，镁含量($\downarrow$)，S-GOT($\uparrow$)，S-LDH($\uparrow$)
	尿液	pH 值($\downarrow$)，酮体($+$)
	乳汁	酮体($+$)
奶牛妊娠 毒血症	血液	白细胞总数($\downarrow$)，血细胞压积值($\uparrow$)，血红蛋白含量($\uparrow$)，糖含量(正常～$\uparrow$)，钙含量($\downarrow$)，无机磷含量($\uparrow$)，S-OCT($\uparrow$)，S-SDH($\uparrow$)
	肝功能	溴磺酞钠试验(延长)
	尿液	蛋白质($+$)，酮体($+$)
母牛睡倒 不起综合征	血液	红细胞总数($\uparrow$)，血红蛋白含量($\uparrow$)，血清总蛋白含量($\uparrow$)，钙含量($\downarrow$)，镁含量($\downarrow$)，S-GOT($\uparrow$)，S-CPK($\uparrow$)，S-LDH$_5$($\uparrow$)
	尿液	潜血($+$)，酮体($+$)
奶牛产后瘫痪 （乳　热）	血液	白细胞总数($\uparrow$)，血红蛋白含量($\uparrow$)，糖含量($\uparrow$)，钙含量($\downarrow$)，无机磷含量($\downarrow$)，红细胞数($\uparrow$)，S-GOT($\uparrow$)，S-CPK($\uparrow$)
牛瘤胃 酸中毒	血液	血细胞压积值($\uparrow$)，糖含量($\uparrow$)，无机磷含量($\uparrow$)，钙含量($\downarrow$)，S-GOT($\uparrow$)
	尿液	pH 值($\downarrow$)，蛋白质($+$)，尿胆素($+$)，沉渣($+$)
	瘤胃液	pH 值($\downarrow$)，纤毛虫数($\downarrow$)，糖发酵产气试验($\downarrow$)，亚硝酸还原试验(延长)

注：1. "$\uparrow$"表示升高，"$\downarrow$"表示降低，"$+$"表示阳性

2. S-GOT 为血清谷草转氨酶，S-LDH 为乳酸脱氢酶，S-OCT 为鸟氨酸氨甲酰基转移酶，S-SDH 为山梨醇脱氢酶，S-CPK 为肌酸磷酸肌酶

金盾版图书，科学实用，
通俗易懂，物美价廉，欢迎选购

优良牧草及栽培技术	7.50 元	饲料添加剂的配制及应用	10.00 元
菊苣鲁梅克斯籽粒苋栽培技术	5.50 元	饲料作物良种引种指导	4.50 元
北方干旱地区牧草栽培与利用	8.50 元	饲料作物栽培与利用	8.00 元
		菌糠饲料生产及使用技术	5.00 元
牧草种子生产技术	7.00 元	配合饲料质量控制与鉴别	11.50 元
牧草良种引种指导	13.50 元		
退耕还草技术指南	9.00 元	中草药饲料添加剂的配制与应用	14.00 元
草坪绿地实用技术指南	24.00 元		
草坪病虫害识别与防治	7.50 元	畜禽营养与标准化饲养	55.00 元
草坪病虫害诊断与防治原色图谱	17.00 元	家畜人工授精技术	5.00 元
		畜禽养殖场消毒指南	8.50 元
实用高效种草养畜技术	7.00 元	现代中国养猪	98.00 元
饲料作物高产栽培	4.50 元	科学养猪指南(修订版)	23.00 元
饲料青贮技术	3.00 元	简明科学养猪手册	9.00 元
青贮饲料的调制与利用	4.00 元	科学养猪(修订版)	14.00 元
农作物秸秆饲料加工与应用(修订版)	14.00 元	家庭科学养猪(修订版)	7.50 元
中小型饲料厂生产加工配套技术	5.50 元	怎样提高养猪效益	9.00 元
		快速养猪法(第四次修订版)	9.00 元
常用饲料原料及质量简易鉴别	13.00 元	猪无公害高效养殖	12.00 元
		猪高效养殖教材	6.00 元
秸秆饲料加工与应用技术	5.00 元	猪标准化生产技术	9.00 元
		猪饲养员培训教材	9.00 元
草产品加工技术	10.50 元	猪配种员培训教材	9.00 元

猪人工授精技术100题　6.00元
塑料暖棚养猪技术　8.00元
猪良种引种指导　9.00元
瘦肉型猪饲养技术(修订版)　6.00元
猪饲料科学配制与应用　9.00元
中国香猪养殖实用技术　5.00元
肥育猪科学饲养技术(修订版)　10.00元
小猪科学饲养技术(修订版)　7.00元
母猪科学饲养技术　9.00元
猪饲料配方700例(修订版)　10.00元
猪瘟及其防制　7.00元
猪病防治手册(第三次修订版)　16.00元
猪病诊断与防治原色图谱　17.50元
养猪场猪病防治(第二次修订版)　17.00元
猪防疫员培训教材　9.00元
猪繁殖障碍病防治技术(修订版)　9.00元
猪病针灸疗法　3.50元
猪病中西医结合治疗　12.00元
猪病鉴别诊断与防治　13.00元
断奶仔猪呼吸道综合征及其防制　5.50元
仔猪疾病防治　11.00元

养猪防疫消毒实用技术　8.00元
猪链球菌病及其防治　6.00元
猪细小病毒病及其防制　6.50元
猪传染性腹泻及其防制　10.00元
猪圆环病毒病及其防制　6.50元
猪附红细胞体病及其防治　7.00元
猪伪狂犬病及其防制　9.00元
图说猪高热病及其防治　10.00元
实用畜禽阉割术(修订版)　8.00元
新编兽医手册(修订版)　49.00元
兽医临床工作手册　42.00元
畜禽药物手册(第三次修订版)　53.00元
兽医药物临床配伍与禁忌　22.00元
畜禽传染病免疫手册　9.50元
畜禽疾病处方指南　53.00元
禽流感及其防制　4.50元
畜禽结核病及其防制　10.00元
养禽防控高致病性禽流感100问　3.00元
人群防控高致病性禽流感100问　3.00元
畜禽营养代谢病防治　7.00元
畜禽病经效土偏方　8.50元
中兽医验方妙用　10.00元
中兽医诊疗手册　39.00元
家畜旋毛虫病及其防治　4.50元

家畜梨形虫病及其防治	4.00元	鹿病防治手册	18.00元
家畜口蹄疫防制	8.00元	马驴骡的饲养管理	
家畜布氏杆菌病及其防制	7.50元	（修订版）	8.00元
家畜常见皮肤病诊断与防治	9.00元	驴的养殖与肉用	7.00元
家禽防疫员培训教材	7.00元	骆驼养殖与利用	7.00元
家禽常用药物手册(第二版)	7.20元	畜病中草药简便疗法	8.00元
禽病中草药防治技术	8.00元	畜禽球虫病及其防治	5.00元
特禽疾病防治技术	9.50元	家畜弓形虫病及其防治	4.50元
禽病鉴别诊断与防治	6.50元	科学养牛指南	29.00元
常用畜禽疫苗使用指南	15.50元	养牛与牛病防治(修订版)	8.00元
无公害养殖药物使用指南	5.50元	奶牛场兽医师手册	49.00元
畜禽抗微生物药物使用指南	10.00元	奶牛良种引种指导	8.50元
常用兽药临床新用	12.00元	肉牛良种引种指导	8.00元
肉品卫生监督与检验手册	36.00元	奶牛肉牛高产技术(修订版)	7.50元
动物产地检疫	7.50元	奶牛高效益饲养技术（修订版）	16.00元
动物检疫应用技术	9.00元	怎样提高养奶牛效益	11.00元
畜禽屠宰检疫	10.00元	奶牛规模养殖新技术	17.00元
动物疫病流行病学	15.00元	奶牛高效养殖教材	4.00元
马病防治手册	13.00元	奶牛养殖关键技术200题	13.00元
		奶牛标准化生产技术	7.50元
		奶牛疾病防治	10.00元